農地法の設例解説

弁護士　宮﨑直己　著

大成出版社

はしがき

本書は、農地法に関する基礎的な知識を有する人々を対象として、農地法をめぐる基本問題に対し、適切に対処できる応用力を涵養することを目的として書かれた本です。筆者は、既に、農地法関係の解説書を複数出していますが、従来の本は、どちらかといえば、多くの論点を平易に解説するという内容のものでした。そのため、種々の制約が生じ、必ずしも問題点を深く論じることができたとは言い切れませんでした。

そこで、今回、農地法の解釈と深く交錯する民法または行政法の重要問題を取り上げ、これらの問題に対し、判例、通達、先例、条文等を適宜示して分かりやすく解説するよう心掛けました。本書が、農地法の実務を解釈・運用する方々のお役に少しでも立てば幸いです。

今回も、私の事務所のスタッフである松本千博さんには、校正等の作業のお手伝いをしていただきました。

また、本書の企画、校正、全体の調整等については、従来と同様に大成出版社の山本真部長にお世話をいただきました。深く感謝申し上げたいと思います。

平成27年10月

弁護士　宮﨑直己

凡　例

1　法令の表記

根拠法令（カッコ内）については、農地法、農地法施行令、農地法施行規則を、それぞれ「法」、「令」、「規」としたほか、次の略称で表記した。

【法律の略称】	【法律の名称】
家手	家事事件手続法
規	農地法施行規則
基盤強化	農業経営基盤強化促進法
行審	行政不服審査法
行訴	行政事件訴訟法
行手	行政手続法
刑	刑法
刑訴	刑事訴訟法
国賠	国家賠償法
地公	地方公務員法
都計	都市計画法
不登	不動産登記法
法	農地法
民	民法
民執	民事執行法
民訴	民事訴訟法
令	農地法施行令

2　判例の表記

判例の表記は、次の略称の例によった。

【判例の略称】

最判昭35年７月８日民集14・９・1731

【判例の名称】

最高裁判所昭和35年７月８日判決、最高裁判所民事判例集14巻９号1731頁

3　法律適用の基準時

本書は、平成28年４月１日現在の農地法を基準に作成されている。

目　次

第2部 農地の登記その他

第1部　農地法と民法・行政法

設例１　賃借権の効力と相続

設例１

（小問１）　かつて農地の所有者Ａと農業者Ｂは、Ａ所有農地をＢが賃借する契約を結び、農業委員会に対して農地法３条許可申請を行ったところ許可を得られた。賃貸借の期間は10年であったが、その期間が経過しても、なおＢは５年間にわたって耕作を継続した。また、Ａも異議を述べなかった。この時点で、Ｂの賃借権の期間は何年残っているか？

（小問２）　その後、賃貸人Ａは老衰のため死亡したが、唯一の相続人Ｃが賃貸農地の所有権を相続した。この場合、従前のＡ・Ｂ間の賃貸借契約はどうなるか？

相続登記が未了の状態で、Ｃは、Ｂに対し、賃料（借賃）を請求することができるか？

（小問３）　前問とは逆に、その後、賃借人Ｂが死亡したが、Ｂには相続人として、ＤおよびＥが存在する。この場合、従前のＡ・Ｂ間の賃貸借契約はどうなるか？

遺産分割前と遺産分割後で、何か違いはあるか？

（小問４）　前問の場合、Ａ・Ｂ間の貸借関係が、仮に使用貸借契約であったとしたら、Ｂの相続人ＤおよびＥの権利はどうなるか？

（小問５）　小問１で、賃借人Ｂは、高齢を理由に賃借農地をＡに返したいと申し出た。ただし、Ｂは、Ａ・Ｂ間で賃貸借契約が開始された時から今日に至るまでの15年間にわたり、土壌改良費用として合計で50万円を投下した事実があり、そのため、農地の状態は以前と比べて改良された。そこで、Ｂは、投下資金50万円をＡに支払って欲しいと要求した。その要求は正当なものといえるか？

解答

小問１について

(1)　賃借権の存続期間

ア　かつて賃貸人Ａと賃借人Ｂの間で、Ａ所有の農地をＢが賃借する契約が成立し、双方の当事者は農業委員会の３条許可を得た。

当初の賃貸借の期間は10年であった。しかし、10年の期間を経過しても賃借人Ｂはなお５年間にわたって耕作を継続し、また、賃貸人Ａもこれに対し、特に異議を述べることをしなかった。

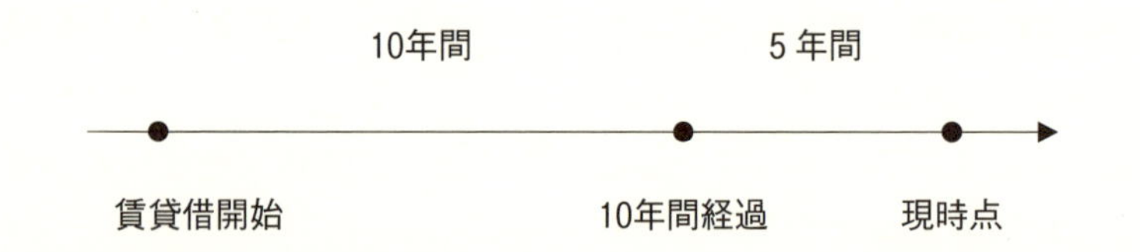

この場合、賃貸借の期間はどうなるであろうか。この疑問を解く手掛かりは二つある。まず、民法619条１項は、賃貸借の**更新の推定**という条文を置く。

この規定は、**法律上の推定規定**といわれる。すなわち、「期間満了後の賃借人による賃借物の使用・収益の継続」と「賃貸人がその事実を知って異議を述べなかった」という各前提事実によって、当事者間の賃貸借契約の更新の合意を推定するものである（加藤新太郎ほか・要件事実の考え方と実務［第３版］190頁）。**（注１）**

次に、農地法17条本文は、賃貸借の**法定更新**という条文を規定する。**（注２）**

（注１）

民619条１項「賃貸借の期間が満了した後賃借人が賃借物の使用又は収益を継続する場合において、賃貸人がこれを知りながら異議を述べないときは、従前の賃貸借と同一の条件で更に賃貸借をしたものと推定する。この場合において、各当事者は、第617条の規定により解約の申入れをすることができる。」

（注２）

法17条本文「農地又は採草放牧地の賃貸借について期間の定めがある場合において、その当事者が、その期間の満了の１年前から６月前まで（賃貸人又はその世帯員等の死亡又は第２条第２項に掲げる事由によりその土地について耕作、採草又は家畜の放牧をすることができないため、一時賃貸をしたことが明らかな場合は、その期間の満了の６月前から１月前まで）の間に、相手方に対して更新をしない旨の通知をしないときは、従前の賃貸借と同一の条件で更に賃貸借をしたものとみなす。」

イ　更新の推定と法定更新の違いであるが、前者は、「推定」にとどまるため、当事者が証拠を出すことによって賃貸借は更新されていないと主張することが可能である。つまり、更新の合意の不存在を示す証拠を出すことによって推定が覆ることになる。他方、後者は、「みなす」という文言になっているため、証拠を出して賃貸借が更新されていないと主張することはできない。

⑵　農地法17条による法定更新

ア　民法と農地法の関係であるが、これらの法律は、民法が一般法、農地法が特別法という関係に立つことから、二つの法律が同一の問題の解釈に適用されるべき場合には、特別法である農地法が民法に優先して適用される（**特別法優先のルール**）。

そこで、農地法17条を見ると、期間の定めのある農地賃貸借において、期間が満了した時点で賃貸借契約を打ち切ろうとする場合には、一方の当事者は、その相手方に対し、期間が満了する時点から遡って１年前から６か月前までの間に、適法に更新拒絶の通知を済ませておく必要があることが分かる。

イ　設例の場合、当事者であるＡ・Ｂ双方は、お互いに更新拒絶の通知を行っていないのであるから、当該賃貸借には、上記法定更新の規定が適用され、依然として同一の条件で賃貸借が継続していることになる。ただし、賃貸借の期間については、従前の賃貸借のものとは異なるものとなる点に留意する必要がある。

この点について、最高裁は、「農地の賃貸借について、期間の定がある場合において、農地法19条［現17条］の規定によって賃貸借が更新されたときは、爾後、その賃貸借は期間の定のない賃貸借として存続するものと解すべきである。」としている（最判昭35年７月８日民集14・９・1731）。

したがって、現時点で、Ａ・Ｂ間の賃貸借は、期間の定めのない契約として続いていると解される（なお、期間の定めのない賃貸借とは、無期限の賃貸借契約という意味ではない。契約当事者は、いつでも契約関係を打ち切ることができるからである。）。

ウ　そして、期間の定めのある賃貸借または期間の定めのない賃貸借において、その契約関係を打ち切るためには、前者の場合は**更新拒絶の通知**、後者の場合は**解約申入れ**という方法を取ることになるが、いずれの場合であっても、原則として、事前に都道府県知事の許可を受ける必要があることに留意すべきである（法18条）。

小問２について

(1)　賃貸人たる地位の承継取得

ア　かつて賃貸人Ａと賃借人Ｂの間で存在した賃貸借契約の関係は、一方当事者であるＡが老衰のため死亡し、ＣがＡを相続した場合、どうなるであろうか。

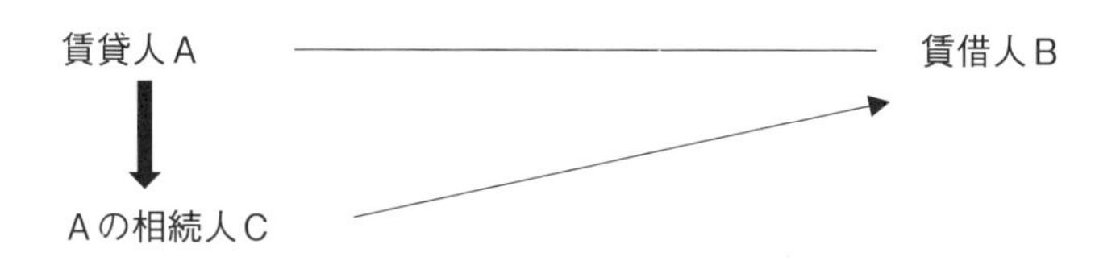

イ　まず、賃貸人Aが賃貸目的農地について有していた所有権(農地所有権)は、相続を原因として相続人Cが取得する。この場合、農地法の許可は不要である。なぜなら、**相続**は、被相続人であるAが死亡することによって当然に発生するものであって、同人の意思によって発生するものではないからである（民896条)。**(注１)**

ただし、この場合Cは、相続によって農地所有権を取得したことを農業委員会に対して届け出る義務がある（法３条の３)。**(注２)**

(注１)

民896条「相続人は、相続開始の時から、被相続人の財産に属した一切の権利義務を承継する。ただし、被相続人の一身に専属したものは、この限りでない。」

(注２)

法３条の３「農地又は採草放牧地について第３条第１項本文に掲げる権利を取得した者は、同項の許可を受けてこれらの権利を取得した場合、同項各号（第12号及び第16号を除く。）のいずれかに該当する場合その他農林水産省令で定める場合を除き、遅滞なく、農林水産省令で定めるところにより、その農地又は採草放牧地の存する市町村の農業委員会にその旨を届け出なければならない。」

⑵　登記を要するか否か

ア　このように、相続人Cは、相続を原因として賃貸借の目的となっている農地の所有権を当然に取得することができた。そして、相続とは、被相続人Aが生前に有した権利義務関係を相続人Cが包括的に承継することであるから、賃貸人たる地位も当然に承継することになると解される。

問題となるのは、Ｃが承継取得した賃貸人たる地位を、賃借人Ｂに主張しようとする際に、Ｃの相続登記が済まされていることが必要となるかという点である。設例のＣによる賃料（借賃）の請求は、賃貸人たる地位（賃貸人の権利）の主張の一場面といえるため、その前提として、Ｃは相続登記を済ましている必要があるか否かが問題となるのである。

ここで参考となる事例として、建物所有を目的とした借地に関する事件（賃貸借の目的となっている宅地の所有権を譲り受けた者（土地賃貸人）が、従前からの土地賃借人に対し賃料を支払うよう催告したが、同人がこれに応じなかったため、土地賃貸人が賃貸借契約を解除する意思を表示した。）がある。

この事件において、最高裁は、土地賃貸人は所有権移転登記を経由する必要があると判断した（最判昭49年３月19日民集28・２・325）。**（注）**

（注）

最判昭49年３月19日（民集28・２・325）

「本件宅地の賃借人としてその賃借地上に登記ある建物を所有する上告人は本件宅地の所有権の得喪につき利害関係を有する第三者であるから、民法177条の規定上、被上告人としては上告人に対し本件宅地の所有権の移転につきその登記を経由しなければこれを上告人に対抗することができず、したがってまた、賃貸人たる地位を主張することができないものと解するのが、相当である（大審院昭和８年(オ)第60号同年５月９日判決・民集12巻1123頁参照）。」

イ　上記の最高裁の考え方（登記必要説）を設例に当てはめると、相続人Ｃが、賃借人Ｂに対して賃料（借賃）を請求するためには、相続登記を具備する必要があると解される。賃料（借賃）支払義務は、賃貸借契約における賃借人の最も重要な義務であるから（民601条）、Ｂは、相続

登記を済ませたＣからの支払請求に応じる義務がある。**(注)**

ここで問題は、最高裁が、なにゆえ登記を要求するのかという点であるが、この場面は、そもそも本来の民法177条の対抗問題の場面とはいい難いが、賃借人による賃料（借賃）の二重払いの危険を避けるために登記を要求したものと考えられる（鎌田薫ほか・民事法Ⅲ債権各論［第２版］129頁）。

相続登記は、誰が賃貸目的農地の相続人（権利者）であるかを示す確かな効力があるといえることから、賃借人としてもそれを信頼して賃料（借賃）を支払うことが可能となる。

(注)

民601条「賃貸借は、当事者の一方がある物の使用及び収益を相手方にさせることを約し、相手方がこれに対してその賃料を支払うことを約することによって、その効力を生ずる。」

小問３について

(1)　賃借権の相続

ア　かつて賃貸人Ａと賃借人Ｂの間で賃貸借契約が存在したが、賃借人Ｂが死亡した場合、当該賃貸借はどうなるであろうか。

前記したが、Ｂが死亡して相続が発生すると、Ｂが生前に有していた債権債務関係は、原則的に全てが相続人ＤおよびＥに承継される。賃借権は、経済的価値の認められる一つの財産権であるから、それも当然に相続されることになる。

イ　問題は、設例のように相続人が複数人存在する場合である。相続人が複数人存在する場合は、**共同相続**が発生する。

つまり、Ｂが生前に有していた債権債務を共同相続人であるＤおよびＥが共有する状態が発生する（民898条。**遺産共有**）。この場合、共有割合は、原則として法定相続分によって定まる（民899・900条）。**（注１）**

ただし、遺産共有の状態が将来にわたって継続することは、一般的に不都合であることが多いため、共有状態にある遺産を、各相続人の単独所有とする手続が執られるのが通常である。これを**遺産分割**という（民906条～908条）。**（注２）**

（注１）

民898条「相続人が数人あるときは、相続財産は、その共有に属する。」

民899条「各共同相続人は、その相続分に応じて被相続人の権利義務を承継する。」

民900条「同順位の相続人が数人あるときは、その相続分は、次の各号の定めるところによる。

１号　子及び配偶者が相続人であるときは、子の相続分及び配偶者の相続分は、各２分の１とする。

２号　配偶者及び直系尊属が相続人であるときは、配偶者の相続分は、３分の２とし、直系尊属の相続分は、３分の１とする。

３号　配偶者及び兄弟姉妹が相続人であるときは、配偶者の相続分は、４分の３とし、兄弟姉妹の相続分は、４分の１とする。」

（注２）

民906条「遺産の分割は、遺産に属する物又は権利の種類及び性質、各相続人の年齢、職業、心身の状態及び生活の状況その他一切の事情を考慮してこれをする。」

民907条２項「遺産の分割について、共同相続人間に協議が調わないとき、又は協議をすることができないときは、各共同相続人は、その分割を家庭裁判所に請求することができる。」

民908条「被相続人は、遺言で、遺産の分割の方法を定め、若しくはこれを定めることを第三者に委託し、又は相続開始の時から５年を超えない期間を定めて、遺産の分割を禁ずることができる。」

(2)　遺産分割

ア　上記のとおり、賃借人Ｂの相続人であるＤおよびＥは、相続の発生と同時にＢの権利（賃借権）を共同で継承する。したがって、ＤとＥが、共同で今後も賃借農地を賃借権に基づいて使用収益することも可能である。

この場合、ＤおよびＥは、不可分債務関係に立つと解されるので（なお、不可分債務関係とは、一個の不可分給付について複数の債務者が存在する場合をいう。）、二人の共同責任で賃料（借賃）を賃貸人Ａに支払う必要がある（民430条）。

イ　仮にＤまたはＥのうちのいずれか一方の者が、単独で賃借農地を使用収益したい場合は、遺産分割の手続を経る必要がある。

遺産分割の方法として、ＤとＥがお互いに話し合って遺産を分割する**協議分割**を行うことが比較的多いと思われる。協議分割がまとまった場合、賃借権を相続によって継承する者は、ＤまたはＥのうちのいずれか１名に絞られることになるであろうから、賃借権を継承した者が、以後、賃貸人Ａに対し単独で賃料（借賃）の支払義務を負うことになる。

これを賃貸人であるＡの側から見た場合、ＤまたはＥのうち、自分に対し賃料（借賃）を支払ってくれる者を、死亡した被相続人Ｂの権利の承継者（賃借権の相続人）と認めればよい、ということになる。賃料（借賃）を支払うということは、とりも直さず自分が賃借権を承継した者であるとの意思表明であると理解することができるからである。

ウ　相続人の間で協議分割が成立しない場合は、相続人のＤまたはＥは、家庭裁判所に対し、**遺産分割調停**を申し立てることができる。遺産分割調停の結果、当事者間で合意が成立し、家庭裁判所の調停機関が、その合意を相当であると認めて調停調書に記載すれば、その時点で遺産分割調停が成立することになる（家手268条）。

なお、遺産分割調停が成立しない場合、**遺産分割審判**の手続に移行する（家手272条４項）。

小問４について

(1)　使用貸借契約

ア　かつて結ばれた貸主Ａと借主Ｂの契約関係が、賃貸借ではなく使用貸借であったと仮定した場合はどうなるか。

使用貸借とは、民法593条にその規定が置かれている契約である。**(注)**

(注)

民593条「使用貸借は、当事者の一方が無償で使用及び収益をした後に返還をすることを約して相手方からある物を受け取ることによって、その効力を生ずる。」

イ　使用貸借は、無償の契約であることから、貸主と借主の間に何らかの人的な関係がある場合が多いといえる。例えば、貸主が親で、借主が子というような場合がこれに当たる。

使用貸借の貸主は、契約成立後は、特に積極的な義務を負わない。借主による使用貸借の目的物の使用・収益を許容するという消極的な義務を負うにすぎない。

他方、使用貸借の借主は、**用法順守義務**を負い（民594条１項）、また、貸主の承諾がなければ目的物を第三者に使用・収益させてはいけない義務を負う（同条２項）。借主がこれに反した場合、貸主は、無催告で契約を解除することができる（同条３項）。**(注)**

（注）

民594条1項「借主は、契約又はその目的物の性質によって定まった用法に従い、その物の使用及び収益をしなければならない。」

同条2項「借主は、貸主の承諾を得なければ、第三者に借用物の使用又は収益をさせることができない。」

同条3項「借主が前2項の規定に違反して使用又は収益をしたときは、貸主は、契約の解除をすることができる。」

(2)　借主の死亡

ア　上記したとおり、使用貸借契約は、貸主と借主の個人的な関係が基礎にあって成立することが多い契約である。したがって、借主が死亡したときは、貸主と借主の個人的な関係は断絶されたとみるべきであって、その借主としての地位を相続人に引き継がせる根拠は失われると考えられる。そのため、民法は、借主の権利は相続されないと定めた（民599条）。**（注）**

ただし、借主が死亡しても使用貸借が継続する、つまり借主の地位を相続人が承継すると当事者間で特約しておけば、使用貸借契約は相続人に引き継がれると解する。

（注）

民599条「使用貸借は、借主の死亡によって、その効力を失う。」

イ　これに対し、貸主が死亡した場合には、その地位は相続人に相続されると解される。使用貸借においては、上記のとおり、貸主が負う義務は原則的に何もないし、また、貸主が死亡したからといって、借主が目的物を無償で借りる必要性が直ちに消滅するとはいえないからである。

小問5について

(1)　費用償還請求権

ア　賃借人Bは、土壌改良費として50万円を支出した。このような費用は、賃借目的農地の価値を高める効果があるから**有益費**と呼ばれる。有益費については、民法608条２項に規定が置かれている。**(注)**

それによれば、賃貸人は、賃貸借契約の終了時に、民法196条２項の規定に従ってその償還をしなければならないとされている。

(注)

民608条２項「賃借人が賃借物について有益費を支出したときは、賃貸人は、賃貸借の終了の時に、第196条第２項の規定に従い、その償還をしなければならない。ただし、裁判所は、賃貸人の請求により、その償還について相当の期限を許与することができる。」

イ　有益費に似た概念として**必要費**というものがある。必要費は、目的物の原状を維持するための費用にとどまらず、物を通常の用法に適する状態に置くための保存費用も含まれると解される。

例えば、賃借目的農地の畦畔が災害（大雨）のために崩壊したので、賃借人において耕作が不可能になったような場合、賃借人は、賃貸人に対し、原状回復工事を行うよう請求することができる（民606条１項）。

仮に賃貸人が原状回復工事を行わないため、賃借人の方で、原状回復工事を自ら行った場合、当該工事に要した費用は、賃貸人に対し直ちに償還請求することができる（民608条１項）。**(注)**

(注)

民606条１項「賃貸人は、賃貸物の使用及び収益に必要な修繕をする義務を負う。」

民608条１項「賃借人は、賃借物について賃貸人の負担に属する必要費を支出したときは、賃貸人に対し、直ちにその償還を請求することができる。」

(2)　有益費の償還請求

ア　有益費の償還について、民法196条２項は、「価格の増加が現存する場合に限り」としている。また、回復者の方で、支出額または増価額

のいずれかを選択することができるとしている。**(注)**

したがって、いったんは賃借目的農地の価格が増加した事実があったとしても、償還請求時に、増価分が滅失しているような場合には、賃借人は、賃貸人に対し有益費の償還請求をすることはできない。

なお、民法196条２項の「**悪意の占有者**」とは、設例でいえば、賃借目的農地を使用する正当な権原がないことを知っている占有者を指す（例えば、賃貸借契約が適法に解除されて無権原状態に陥っていることを知りつつ、なお農地を不法占有しているような者をいう。）。

(注)

民196条２項「占有者が占有物の改良のために支出した金額その他の有益費については、その価格の増加が現存する場合に限り、回復者の選択に従い、その支出した金額又は増価額を償還させることができる。ただし、悪意の占有者に対しては、裁判所は、回復者の請求により、その償還について相当の期限を許与することができる。」

イ　賃貸人において、賃借人が支出した金額を選ぶか、あるいは増価額分を選ぶかは賃貸人の自由であり、実際には、より少ない方を選択することになるであろう。

設例の場合、賃借人Ｂは、賃借目的農地に対し、土壌改良費用として50万円を費やしている。仮に、賃借目的農地の経済的価値が、賃貸借契約開始時と比較して50万円以上に増加しているときは、賃貸人Ａとしては、より少ない方の価額である50万円を選択すれば足りるし、逆に、50万円に達していない場合は、その価額を選べば足りる。

なお、土地改良法59条は、土地改良事業に費やされた有益費を償還する場合、償還すべき額は「増価額とする」という特則を置く。

設例2　賃貸借契約の解除と都道府県知事の許可

設例2
（小問1）　賃貸人Ａは、その所有する農地について、今から30年以上も前に賃借人Ｂとの間で、特に期間を定めることなく耕作目的で賃貸借契約を結び、その際、農地法3条許可も受けた。ところが、最近になってＢは、Ａに無断で、転用許可を受けることなく賃借農地の一部をコンクリートで埋め立て、自動車が通行できるようにした。この場合、Ｂにはどのような責任が生ずるか？
（小問2）　賃貸人Ａは、賃借人Ｂに対し、期間を定めて、コンクリートを除去して元通りの農地に原状回復するよう求めたが、Ｂはこれを拒否した。この場合、Ａは、賃貸借契約を解除することができるか？
（小問3）　賃貸人Ａが賃貸借契約を解除しようとする場合、都道府県知事の許可を得る必要があるか？
　都道府県知事の許可は、どのような場合に出るか？
（小問4）　賃貸人Ａは、都道府県知事の許可を受けて、Ｂとの賃貸借契約を解除した。この場合、いつの時点から賃貸借契約の効力が失効するか？
　仮に、契約の解除ではなく解約申入れの場合であったとしたらどうか？
（小問5）　前問で賃貸人Ａは、賃借人Ｂとの賃貸借契約を解除する手続を取ったが、依然としてＢは農地を返還しようとしない。Ａが民事訴訟を起こす場合、あらためて、Ａは、Ｂについて信義に反した行為があったことを証明する必要があるか？

解答

小問1について

(1)　用法順守義務違反・善管注意義務違反

ア　賃借人Bは、賃貸人Aとの賃貸借契約に基づきAから農地を耕作目的で借りた。賃貸借とは、賃貸人であるAが、賃借人であるBに対し、賃貸借契約の目的となっている農地について使用・収益をさせることを約束し、他方、BはAに対し、農地を使用・収益することが認められる対価としての賃料（借賃）を支払うことを約束するものである（民601条）。このように、賃貸人の賃貸物を賃借人に使用・収益させる義務と、賃借人の賃料（借賃）支払義務は、対価関係に立つ。

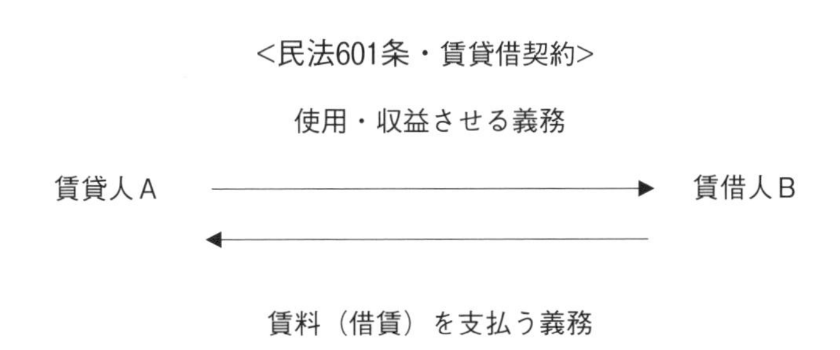

イ　賃借人Bは、単に上記の**賃料（借賃）支払義務**を負うだけではなく、賃借目的農地を、契約または「その目的物の性質によって定まった用法に従い、その物の使用及び収益をしなければならない。」とされている（民616条・594条1項）。これを**用法順守義務**という。

ここで、使用貸借契約と賃貸借契約を比較しておく。

使用貸借の場合、農地の借主に用法順守義務違反があったときは、貸主は直ちに使用貸借契約を解除することができる（民594条3項）。

一方、当事者間の契約が賃貸借の場合は、民法616条は同法594条3項を準用していないため、直ちに、賃貸人に賃貸借契約を解除する権利（解除権）が生ずるわけではないという違いがある。

ウ　また、賃借人Bは、賃借目的物を善良な管理者の注意（通常の農地賃借人に一般的に求められている注意力をいう。）をもって保管する義務を負う（民400条）。これを**善管注意義務**という。

エ　ところが、賃借人Bは、借りている農地の一部を、賃貸人であるAの同意を得ることなくコンクリートで埋めた。この行為は、明らかに民法の定める用法順守義務に反する行為であり、債務不履行（約束違反）に該当すると考えられる。また、農地を善良な管理者の注意をもって保管する義務にも違反しているといえる。

つまり、賃借人Bの行為は、民事上は、賃貸人Aに対する**債務不履行**となる（民法上の債務不履行）。

⑵　無断転用行為による刑事責任

ア　また、Bの行為は、農地法上は**無断転用行為**となる（設例3「転用届出の効力」小問3参照）。すなわち、本来であれば、Bは、Aの同意を得た上で、都道府県知事に対して転用許可申請を行い、その許可を事前に得ておく必要があった。

なお、**農地の転用**とは、人為的に農地を農地以外のものとする事実行為を指す。例えば、農地を道路、住宅、駐車場などに変える場合がこれに当たる。ただし、人為的なものに限られるので、地震、洪水、津波などの自然現象によるものは農地法の転用には該当しない。

イ　ここで、Bが行うべき転用許可申請とは、農地法4条許可申請か、あるいは同法5条許可申請かという問題がある。既にA・B間には農地賃貸借契約が存在している以上、耕作目的または転用目的という用途の違いはあるとしても、Bには、ともかく農地を使用する権利が存在するといえる。したがって、この場合、仮にBが転用許可申請を行うときは、新たな権利設定行為を伴わない4条許可申請で足りると考える。

ウ　以上のとおり、Bは無断転用行為を行っていることから、農地法64条1号が定める刑事責任を負う（3年以下の懲役または300万円以下の罰金に処せられる可能性がある。）。

(3)　無断転用に対する処分

ア　都道府県知事は、無断転用（違反転用）者に対し、「土地の農業上の利用の確保および他の公益並びに関係人の利益を衡量して特に必要があると認めるときは、その必要の限度において」、原状回復命令を出す権限が認められている（法51条1項。設例4「違反転用とその後の法律関係」小問2参照）。

したがって、条文上は、都道府県知事が、賃借人Bに対し原状回復命令を出すことは可能である（ただし、設例のような場合、原状回復命令が実際に出される可能性は極めて低いと考えられる。）。

イ　以上、Bの責任をまとめると、次のようになる。

賃借人Bが負う責任
- 債務不履行による民事責任
- 農地法上の刑事責任
- 農地法上の処分を受ける行政責任

小問2について

(1)　信頼関係理論

ア　結論を先にいえば、上記のとおり賃貸人Aは、賃借人Bに対し、債務不履行を理由に賃貸借契約を解除することができる（民540条）。

ただし、一般論として考えた場合、債務不履行を原因として契約を解除するためには、原則として、解除の前に債務者に対する催告を済ませておく必要があるとされている（同541条）。

イ　しかし、賃貸借契約のような継続的契約関係においては、当事者間の信頼関係の存在こそが、継続的契約関係の維持・存続のための大きな前提となると考えられる。

そこで、過去に、主に借地・借家関係の分野において、最高裁によって**信頼関係理論**（**信頼関係破壊の理論**）の考え方が生成されたのであるが、その思考方法は、農地の賃貸借関係についても妥当すると解される。この考え方によれば、賃貸人が催告を行った上で解除した場合であっても、当事者間の信頼関係が破壊されていないときは、解除の効力は否定されると解される。**（注１）**

逆に、賃貸人が、無催告解除特約に従って、催告を行うことなく解除権を行使した場合であっても（**無催告解除**）、Ｂの背信行為によって既に当事者間の信頼関係が破壊されていると認められる場合には、解除の効力を認めることになる（山本敬三・民法講義Ⅳ－１契約472頁）。**（注２）**

（注１）

最判昭28年９月25日（民集７・９・979）

「元来民法612条は、賃貸借が当事者の個人的信頼を基礎とする継続的法律関係であることにかんがみ、賃借人は賃貸人の承諾がなければ第三者に賃借権を譲渡し又は転貸することを得ないものとすると同時に、賃借人がもし賃貸人の承諾なくして第三者をして賃借物の使用収益を為さしめたときは、賃貸借関係を継続するに堪えない背信的所為があったものとして、賃貸人において一方的に賃貸借関係を終止せしめ得ることを規定したものと解すべきである。したがって、賃借人が賃貸人の承諾なく第三者をして賃借物の使用収益を為さしめた場合においても、賃借人の当該行為が賃貸人に対する背信的行為と認めるに足らない特段の事情がある場合においては、同条の解除権は発生しないものと解するを相当とする。」

（注２）

最判昭43年11月21日（民集22・12・2741）

「家屋の賃貸借契約において、一般に、賃借人が賃料を１箇月分でも滞納したときは催告を要せず契約を解除することができる旨を定めた特約条項は、賃貸借契約が当事者間の信頼関係を基礎とする継続的債権関係であることにかんがみれば、賃料が約定の期日に支払われず、これがため契約を解除するに当たり催告をしなくてもあながち不合理とは認められないような事情が存する場合には、無催告で解除権を行使することが許される旨を定めた約定であると解するのが相当である。」

ウ　思うに、設例のＢの行為は、賃借農地を無断で転用するという悪質なものであって、当該行為は、Ａとの信頼関係を破るものと考えることができる。そして、Ａは、Ｂに対し、期間を定めて農地の原状回復を求めていることから、催告も行われたと解される。

以上のことから、Ａは、賃貸借契約を解除することが可能であると解する（もっとも、契約解除の前に、都道府県知事の許可を得る必要があることはいうまでもない。）。

エ　仮にＢの無断転用行為の程度が著しいものであって、もはや農地をその用法に従って使用・収益することが困難であるという程度にまで至ったと認められるときは、Ｂによる**履行不能**が生じたものとして、Ａは、Ｂに対する催告を経ることなく、直ちに賃貸借契約を解除することができると解される。**(注)**

(注)

民543条「履行の全部又は一部が不能となったときは、債権者は、契約の解除をすることができる。ただし、その債務の不履行が債務者の責めに帰することができない事由によるものであるときは、この限りでない。」

オ　用法順守義務違反（用法違反）についてまとめると、次のとおりとなる（全ての場合にこの表が必ず当てはまるとまではいえないが、おおむねこのような結果になると考えられる。）。

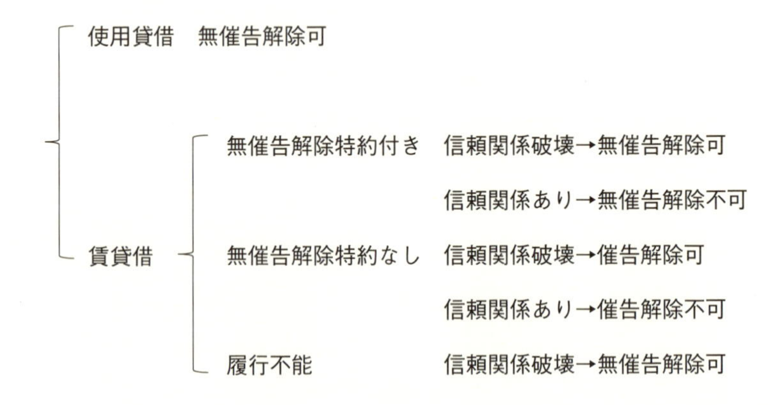

⑵　原状回復請求の可否

ア　設例において、賃貸人Ａが賃借人Ｂに対して行った原状回復請求行為は、法的にどう捉えるべきであろうか。

Ａ・Ｂ間の契約書の中で、このような場合には、賃借人に原状回復義務が発生すると明文で定められている場合は、契約継続中に、Ｂによる無断転用行為が生じたときは、Ｂに原状回復義務が発生することは当然である。

問題は、そのような特約がない場合である。この場合、Ｂの用法順守義務違反行為があったとしても、Ａについて、当然にＢに対する原状回復請求権が発生するとは解されない。なぜなら、賃貸人が賃借人に対して原状回復を求めることができる時期とは、原則的に、契約解除の手続を経て、賃貸借契約が終了した時点であると解されるからである。

イ　この点について詳しく述べると、民法616条が準用する同法597条１項は「借主は、契約に定めた時期に、借用物の返還をしなければならない。」と定め、また、同法598条は「借主は、借用物を原状に復して、これに附属させた物を収去することができる。」と定める。

この規定は、賃貸借終了時に、賃借人が賃借物に附属させた物を収去する権利があることを規定したものであるが、同時に、賃借人の義務を定めたものと解釈できる（内田貴・民法Ⅱ［第３版]213頁)。

このことから、賃貸人は、賃貸借終了時に、賃借人に対し、賃貸物を原状に復するよう請求することができると解される（**原状回復請求権**)。

例えば、整備された自転車を貸した者は、自転車返還時に、その自転車のタイヤがパンクしていたときは、借りた者に対し、パンクを修理してから返還するよう求めることができる。

なお、最高裁は、土地を産業廃棄物の最終処分場として賃借した者が、賃貸人に無断でその土地を第三者に転貸し、その転借人が賃貸目的土地に産業廃棄物を不法投棄した事件について、賃借人に対し、原状回復義務を負わせている。**(注)**

(注)

最判平17年３月10日（判時1895・60）

「不動産の賃借人は、賃貸借契約上の義務に違反する行為により生じた賃借目的物の毀損について、賃貸借契約終了時に原状回復義務を負うことは明らかである。前記事実関係によれば、丁原［賃借人］は、本件賃貸借契約上の義務に違反して、戊田［転借人］に対し本件土地を無断で転貸し、戊田が本件土地に産業廃棄物を不法に投棄したというのであるから、丁原は、本件土地の原状回復義務として、上記産業廃棄物を撤去すべき義務を免れることはできないというべきである。」

ウ　以上のことから、賃貸人Ａは、賃貸借契約が継続しているうちは、たとえ賃借人Ｂが賃借農地を無断転用しても、直ちに原状回復を求める権利があるとまではいえないと解される。

しかし、ＡがＢに対し、原状回復を求める要求自体は相当なものと考えられる。したがって、ＢがＡの要求を拒絶した場合、そのようなＢの不誠実な態度は、後記のとおり、Ａから都道府県知事または指定都市の長（以下「都道府県知事等」という。）に対し、契約解除の許可を求める申請が出た場合、都道府県知事等において許可処分を相当と判断する際の一事由になると考えられる。

また、Ａは、Ｂの無断転用行為によって損害（財産的損害または精神的損害）を被ったときは、Ｂに対し、債務不履行または不法行為を理由に、損害賠償請求を行い得ると解される。

小問３について

⑴　都道府県知事等の許可

ア　賃貸人Ａが、賃借人Ｂとの農地賃貸借契約を解除しようとする場合、原則として、都道府県知事等の許可を契約解除の前に得ておく必要がある（法18条・59条の２）。**（注）**

（注）

法18条１項「農地又は採草放牧地の賃貸借の当事者は、政令で定めるところにより都道府県知事の許可を受けなければ、賃貸借の解除をし、解約の申入れをし、合意による解約をし、又は賃貸借の更新をしない旨の通知をしてはならない。」

法59条の２「第18条第１項及び第３項の規定により都道府県が処理することとされている事務並びにこれらの事務に係る第49条第１項、第３項および第５項並びに第50条の規定により都道府県が処理することとされている事務のうち、指定都市の区域内にある農地又は採草放牧地に係るものについては、当該指定都市が処理するものとする。この場合においては、この法律中前段に規定する事務に係る都道府県又は都道府県知事に関する規定は、指定都市又は指定都市の長に関する規定として指定都市又は指定都市の長に適用があるものとする。」

イ　ただし、これには例外があって、農地法18条１項ただし書の各号のいずれかに該当する事由があれば、許可を得る必要はない。

例えば、合意による解約が、賃借農地を返還するとされた期限の６か月以内に成立したものであって、しかも書面で明らかとされている場合がこれに当たる（法18条１項２号）。

⑵　許可が出されるための要件

ア　都道府県知事等が、農地法18条１項の許可を出すための要件は、同条２項がこれを定める。

許可を出すための要件として、同条２項は、六つの事由を列挙するが、設例に関係するものは、１号の「賃借人が信義に反した行為をした場合」である。

イ　信義に反した行為とは、本来的に継続的契約関係である賃貸借は当事者間の信頼関係を基礎とすると考えられることから、客観的に見てその信頼関係を失わせるような事由を指すと解される。

例えば、賃借人が賃料（借賃）を長年にわたって滞納しているような場合、賃借人が無断で賃借農地を転用した場合、賃借人が長年にわたって賃借農地を耕作放棄している場合、賃借人が賃貸人に対し不法行為を行った場合などがこれに当たると考えられる。**(注)**

設例の場合、賃借人Ｂは、賃借農地を賃貸人Ａに無断で転用していることから、当該行為は信義に反した行為（**背信行為**）に該当すると解される。

(注)

前橋地判平３年２月14日（訟月37・４・743）

「賃借人には、賃料の支払義務を負うほかに、賃借目的物に対する善良な管理者の注意をもってこれを保存する義務が存するものであり、したがって、農地の賃借人は、農地を農地として肥培管理する義務があるというべきであるから、正当な理由なく右義務を怠り、農地を不耕作状態のまま放置することは、農地賃貸借契約の債務不履行となる。更に、賃借人の右債務不履行による不耕作状態の長期化により、農地が荒廃し、あるいは農地が農地としての現況を止めないような状況になった場合には、農地の賃借人の賃貸人に対する背信性が具体化したものとして、これを理由に賃貸人はその賃貸借契約を解除できるものと解するのが相当である。」

小問４について

(1)　契約解除の場合

ア　賃貸人Ａが、都道府県知事等の許可を受けた上で、賃借人Ｂとの賃貸借契約を解除した場合、解除の効力が生じる日はいつであろうか。この点について、民法97条１項は、隔地者に対する意思表示は、通知が相手方に到達した日に生ずると定める（意思表示を発信した日ではない。）。**(注)**

すなわち、民法は、**到達主義**を採用している。ただし、発信された意思表示が相手方の勢力範囲内に入ることによって、相手方において了知可能の状態に置かれれば、到達があったと解されている（必ずしも、相手方本人が意思表示を直接受け取る必要はない。）。

(注)

民97条１項「隔地者に対する意思表示は、その通知が相手方に到達した時からその効力を生ずる。」

イ　これに関連する判決があり、最高裁は、会社に対する催告書が使者によって持参された時、たまたま会社事務室に代表取締役の娘が居合わせ、代表取締役の机の上の印を使用して使者の持参した送達簿に捺印の上、右催告書を右机の抽斗に入れておいたという場合には、同人（娘）に右催告書を受領する権限がなく、また、同人が社員に右の旨を告げなかったとしても、催告書の到達があったものと解すべきである、という判断を示した（最判昭36年４月20日民集15・４・774）。

(2) 解約申入れの場合

解約申入れの場合、賃貸人Ａが賃借人Ｂに解約申入れをした日から、１年が経過することによって賃貸借契約は終了する（したがって、解約申入れの日から１年間は、未だ当事者間で賃貸借契約の効力は残っており、Ａが解約申入れをした日から、すぐにＢに対し賃借目的農地を明け渡すよう請求することができるわけではない。）。**（注）**

（注）

民617条１項「当事者が賃貸借の期間を定めなかったときは、各当事者は、いつでも解約の申入れをすることができる。この場合においては、次の各号に掲げる賃貸借は、解約の申入れの日からそれぞれ当該各号に定める期間を経過することによって終了する。

１　土地の賃貸借　　１年
２　建物の賃貸借　　３箇月
３　動産および貸席の賃貸借　　１日」

小問５について

(1) 土地明渡訴訟

ア　賃貸人Ａが、賃借人Ｂに対し農地明渡訴訟を提起しようとする場合、Ａが証明すべき点は、次のとおりであると解される（加藤新太郎ほか・要件事実の考え方と実務［第３版］176頁）。

①　ＡとＢが農地の賃貸借契約をしたこと。

②　上記契約に基づき、Ａが農地をＢに対し引き渡したこと。

③　賃貸借の目的が、耕作目的であること。

④　Ｂが、用法順守義務に違反して無断転用をしたこと。

⑤　ＡがＢに対し、無断転用部分の農地への原状回復を求める催告をしたこと。

⑥　Ｂが、催告期間内に農地への原状回復をしなかったこと。

⑦　催告後、相当期間が経過したこと。

⑧　Aが、都道府県知事等から農地法18条の許可を受けたこと。

⑨　AがBに対し、賃貸借契約を解除する旨の意思表示をしたこと。

イ　ここでは、賃借人に対する催告を必要とする原則的な考え方を示したが、他方、無断転用行為の悪質性に照らし、無催告解除も可能と考える立場をとる場合は、上記⑤から⑦までの要件は、いずれも不要となると解される（本書の立場）。

(2)　Aは、Bに背信行為があったことを主張立証する必要はない

ア　ここで、上記のとおり農地の明渡訴訟を提起したAの側で、Bによる④の無断転用行為が背信的なものであることを積極的に主張立証する必要があるのか、という問題がある。

この点については、かつては、農地法18条2項所定の許可要件は、単に都道府県知事等が許可処分を行う際の基準を定めたものであるだけでなく、民法に従って契約の解除等を行う際の要件でもあるとする見解があった。

イ　しかし、当該見解をとった場合、都道府県知事等が行った許可処分について、別途、民事訴訟において裁判所が独自の立場で解除等の当否を判断することを認める結果となる。この場合、仮に裁判所が解除等を認めないとする判決を下した場合、それは、実質的には、先に都道府県知事等が行った許可処分を変更する結果を認めるのと同じことに帰着する。

それでは、所定の手続（抗告訴訟、行政不服審査などの手続）を踏むことなく都道府県知事等の行った許可処分の効力を失わせることになって、いかにも妥当性を欠くと考えられる（最高裁判所判例解説民事篇昭和48年度18頁）。

ウ　そこで、最高裁は、Aは、都道府県知事等の許可を受けたことおよび契約解除を行ったことを主張立証すれば足りるとした。**(注)**

（注）

最判昭48年５月25日（民集27・５・667）

「右各規定によれば、農地の賃貸借の解約申入れについては、都道府県知事の許可を受けることが要件とされ、かつ、右許可を与えるについては、農地法20条[現18条]２項各号所定の事由の存在することが必要とされるのであるが、それ以上に、右事由が解約権の発生ないし行使の実体的要件をなすものとして定められたものではないというべきである。したがって、農地の賃貸借の解約申入れは、都道府県知事の有効な許可があれば、民法617条によりその効力を生ずるのであって、賃貸借の解約による終了を主張する者は、許可があったことを主張立証すれば足り、そのほかに、さらに農地法20条[現18条]２項各号所定の事由の存在を主張立証する必要はないものと解するのが相当である。」

設例３　転用届出の効力

設例３

（小問１）　ＡとＢは、Ｂが転用する目的で、市街化区域内にあるＡ所有農地をＢが譲り受ける内容の売買契約を結び、農業委員会に対し、連署の上で５条転用届出書を提出した。その２週間後に、Ａ・Ｂは、農業委員会から転用届出を受理する旨の通知を受けた。この場合、転用届出が効力を生ずるのはいつか？

　また、転用届出受理の効力とは何か？

（小問２）　前問で、仮に、売買契約締結後に、売主Ａがいろいろと理由を付けて、届出書に連署することを拒んだとする。果たして、買主Ｂは、Ａに対し、転用届出に協力することをいつまで請求することができるか？

（小問３）　小問１で、売買契約締結後、農業委員会に対する転用届出を行う前に、売主Ａは勝手にコンクリートで整地し、農地を非農地化した。この場合、売買目的農地の所有権は、誰に帰属するか？

（小問４）　小問１で、仮に、買主Ｂが、売主Ａの印鑑を無断で使用し、Ａの知らぬ間に農業委員会に対し５条転用届出を行い、農業委員会が５条転用届出受理処分を行ったとした場合、当該届出受理処分は無効となるか？

　Ａが農業委員会に対し、職権で届出受理処分を取り消すよう求めたが、農業委員会がこれに応じない場合、Ａとしてはどのような対処法があるか？

解答

小問１について

(1) 市街化区域内農地の売買

売主A ──────────→ 買主B（農地転用）

ア　売主Aから買主Bが農地を買い受けた上で、Bが当該農地を転用しようとする場合、農地が市街化区域内にあるときは、A・B双方が**転用届出**を行うものとされている（法４条１項７号・５条１項６号）。

ここでいう**市街化区域**とは、都市計画法７条２項で定義されているとおり、都市計画区域について、「すでに市街地を形成している区域及びおおむね10年以内に優先的かつ計画的に市街化を図るべき区域」をいう。これに対し、**市街化調整区域**とは、「市街化を抑制すべき区域」とされている（都計７条３項）。

これら市街化区域と市街化調整区域の区分は、**区域区分**（いわゆる線引き）と呼ばれるものである。区域区分を行うか否かは、原則として任意のものとされているが、大都市圏などについては一部義務的とされているところもある（都計７条１項）。

なお、区域区分（線引き）が行われた都市計画区域にあっては、当然のことではあるが、同区域内の土地は、市街化区域または市街化調整区域のいずれかに含まれることになる（都市計画法制研究会・よくわかる都市計画法［改訂版］26頁）。

イ　A・Bが行う転用届出の法的性質については、やや問題がある。これに関連して、行手法２条７号は、**届出**の定義を置いている。**(注)**

これによれば、届出とは、一定の事項を行政庁に通知するものであり、かつ、申請に該当するものを除くとされている。したがって、届出と申請の区別は、行政庁に対し、許否の応答を求めるものか否かで決まることになる（宇賀克也・行政手続三法の解説［第１次改訂版］63頁）。

（注）

行手２条７号「届出　行政庁に対し一定の事項の通知をする行為（申請に該当するものを除く。）であって、法令により直接に当該通知が義務付けられているもの（自己の期待する一定の法律上の効果を発生させるためには当該通知をすべきこととされているものを含む。）をいう。」

ウ　農地法における農業委員会への届出の取扱いについては、届出を受けた行政庁である農業委員会において、受理または不受理を決定し、その結果を届出者に対して書面で通知することとされている（令９条２項）。**（注）**

つまり、農業委員会において、適法に受理するための要件を審査した上で、届出者に対して応答することが法律上予定されている。したがって、このような場合、行手法上の考え方によれば、実質的に申請に基づく処分として理解することができる（塩野宏・行政法Ⅰ［第５版］312頁）。

すなわち、農地転用届出については、形式的な名称は届出とされていても、その実質はむしろ申請であると解される（前掲宇賀64頁は、「個別の法律で届出以外の用語が使用されていても、２条７号の要件を満たせば、本法にいう届出となるし、逆に、個別の法律で届出という言葉が用いられていても、本法でいう届出には該当しないこともありうる。」とする）。

（注）

令９条２項「農業委員会は、前項の規定により届出書の提出があった場合において、当該届出を受理したときはその旨を、当該届出を受理しなかったときはその旨及びその理由を、遅滞なく、当該届出をした者に書面で通知しなければならない。」

⑵　転用届出の効力発生時

ア　設例の場合、Ａ・Ｂは、農業委員会に対して農地転用届出書を提出し、その２週間後に、農業委員会から受理通知書の交付を受けた。この場合、転用届出の効力が生じるのはいつであろうか。

農地法施行規則31条・52条によれば、受理通知書には、届出書が到達した日およびその日に届出の効力が生じた旨を記載するとされていることから、届出の効力が発生する日は、転用届出書を農業委員会の窓口に提出した日であると解される。

イ　ここで、例えば、農地転用届出書が農業委員会に提出されたが、添付を要する書類が添付されていなかったため、農業委員会の方で届出者に対して補正を求め、そのため農業委員会の定例の審査日に間に合わず、次回の審査日において適法と認められたような場合はどうか。

その場合であっても、必要書類が添付されたことによって受理要件は満たされたことになるのであるから、やはり当初の転用届出書提出日をもって受理日とすべきであろう。

(3)　転用届出受理の効力

転用届出に対する受理行為（または不受理行為）は、行政処分であると解される。そして、転用届出が農業委員会によって受理されることによって、届出当事者間で行われた法律行為が有効となる。

設例の場合でいえば、Ａ・Ｂ間の農地売買契約が有効となり、農地の所有権が、ＡからＢに移転することになる。**(注)**

(注)

名古屋地判昭50年９月22日（判時806・32）

「被告は、原告が取消を求める転用届出受理行為は単なる事実行為であって取消訴訟の対象となるべき行政処分ではない旨主張する。しかしながら、転用届出の受理は、都道府県知事が当該届出を有効な行為として受領する受動的な意思行為であり、その対象たる私法上の法律行為を有効ならしめるものであるから、右受理行為が違法な場合には、これによって利益を侵害されたものはその取消を求めることができると解すべきである。」

小問2について

(1)　許可申請協力請求権

ア　一般的に、農地の売買、贈与、賃貸借等の契約行為を行った当事者は、当該契約を履行するためにいろいろな義務を負う。

例えば、転用目的の農地売買の場合であれば、農地の売主は、買主に対し売買目的農地の所有権を移転させる義務を負う。反面、農地の買主は、対価である売買代金を売主に支払う義務を負う。

イ　ところで、売買目的物が農地の場合は、当事者間で売買契約を締結したのみでは不十分であって、さらに行政庁の許可を受けなければ契約を締結した目的を達成させることはできない。

つまり、農地売買契約を例にとると、許可を受けなければ農地の所有権を売主から買主に移転させることができない。そのため、最高裁の昭和50年4月11日判決（民集29・4・417）も**許可申請協力請求権**の存在を認めている（設例11「判決による登記申請」小問1参照）。

同判決によれば、許可申請協力請求権は、債権的な権利であるため、権利を行使することができる時、つまり売買契約締結時から10年間が経過することによって時効消滅するとされる（民167条1項）。

(2)　届出協力請求権

ア　農地売買の当事者間では、上記のような許可申請協力請求権の存在が認められているが、では、売買目的農地が市街化区域に存在する場合はどうなるか。この場合は**届出協力請求権**になると解される。

判例の中には、売買契約時点では目的農地が市街化区域になかったが、売買契約成立後に当該地域が市街化区域に指定された事例を取り扱ったものがある。同判例は、権利の同一性を根拠に、時効期間の通算を認めた。**（注）**

（注）

名古屋高判昭61年10月29日（判時1225・68）

「本件各土地が市街化区域に指定された結果、右許可申請協力請求権は届出協力請求権に変容することになった。しかし、許可申請協力請求権といい、また届出協力請求権といっても、その実質は、農地を農業上の利用を廃止して非農地にする目的で所有権の移転をなすに当たって農地所有者に対し協力を求める債権的請求権である点において同一であり、その請求権の内容が変容したのは、もっぱら農地に対する法的規制の変化に基づくものであって、当事者の意思とは何ら関係がない。したがって、届出協力請求権の時効期間を算定するに当たっては、転用許可申請協力請求権を行使しえた期間も通算すべきであって、結局本件届出協力請求権は本件売買契約成立のときから10年の経過をもって時効消滅するものと解するのが相当である。」

イ　設例の場合、農地の買主Ｂは、売主Ａに対し、売買契約締結時から10年間は、農業委員会に対する届出に協力するよう請求することができる。

小問３について

(1)　農地の非農地化

ア　設例の場合、農地の売主Ａは、農業委員会に対する転用届出を行う前に、コンクリートで整地することにより農地を非農地化した（**農地の非農地化**）。この場合、売買目的土地（元農地）の所有権は、誰に帰属するかが問題となる。

イ　その前に、ある土地が、果たして農地法でいう農地に該当するか否かをどのような基準で判断するのかという問題がある。農地法には、この法律で「**農地**」とは、耕作の目的に供される土地をいうとする定義があるのみであって（法２条１項）、具体的な判断基準が示されているとはいい難い。

この点について、国の通知は、「『農地』とは、耕作の目的に供される土地をいう。この場合、『耕作』とは土地に労費を加え肥培管理を行って作物を栽培することをいい、『耕作の目的に供される土地』には、現に耕作されている土地のほか、現在は耕作されていなくても耕作しようとすればいつでも耕作できるような、すなわち、客観的に見てその現状が耕作の目的に供されるものと認められる土地（休耕地、不耕作地等）も含まれる。」としている（処理基準第１⑴①）。

ウ　設例の場合、売主Ａは、農地をコンクリートで整地したのであるから、当該土地は、もはや耕作の目的に供される土地と考えることはできない。すなわち、Ａの無断転用行為によって、当該農地は既に非農地化したというほかない（設例２「賃貸借契約の解除と都道府県知事の許可」小問１参照）。

⑵　所有権の移転

ア　農地が非農地化した場合、当該土地の所有権は誰に帰属するか。

前記したとおり、市街化区域内農地の売買については、転用届出受理の時点で契約の効力が生じるというのが原則であった。

ところが、設例の場合、Ａ・Ｂ双方の転用届出前の売主Ａの無断転用行為によって、売買目的土地は、農地から非農地に変化した。この場合、当該土地は農地ではなくなったのであるから、私法上の権利・義務関係に関する限り、もはや農地法の規制に服さない状態に至ったというべきである。

つまり、農地法の規制は、当該土地には及ばないことになるから、通常の土地と同じように、契約当事者の意思だけで契約の効力を発生させることができる状態に至ったということである。換言すれば、売買目的土地（元農地）の所有権は、売主Ａから買主Ｂに移転したことになる。

売主Ａ ──────────────────→ 買主Ｂ

農地の非農地化＝土地所有権の移転

イ　上記の点について、最高裁も、一般論として、農地が非農地化した場合には、通常必要とされる都道府県知事の許可は不要に帰するという結論を認めている（なお、当該農地が市街化区域内にあるときは、届出受理は不要となる。）。**（注１）（注２）**

ただし、注意すべき点がある。それは、権利移動または権利設定対象の農地が、契約後に非農地化した場合、農地法所定の転用許可（市街化区域内農地の場合は、転用届出受理）がなくとも、私法上の権利移動（または権利設定）が有効とされるにすぎないということである。したがって、無断転用に伴う農地法上の責任（原状回復命令等の対象となり得ること、刑事罰を科される可能性があること等の事態を指す。）は、別途残る。

（注１）

最判昭42年10月27日（民集21・８・2171）

「上告人が本件売買後に本件土地に土盛りをし、地上には建物が建築され、そのため本件土地が恒久的に宅地となっていることは原審が適法に確定したところである。そうとすれば、本件土地は農地の売買契約の締結後に買主の責に帰すべからざる事情により農地でなくなり、もはや農地法５条の知事の許可の対象から外されたものというべきであり、本件売買契約の趣旨からは、このような事情のもとにおいては、知事の許可なしに売買は完全に効力を生ずるものと解するを相当と」（する）。

（注２）

最判昭44年10月31日（民集23・10・1932）

「本件土地は元来原野としての性格を有しており、本件売買契約締結当時、その一部に農地と見られる部分があったにせよ、周辺土地の客観的状況の変化に伴い次第に宅地としての性格を帯びるに至っており、その後の地盛りなどによって、完全に宅地に変じたものということができ、売主たる上告人においても、このような客観的事情を前提としたうえ、これを宅地として被上告人に売り渡し、自らその宅地化の促進をはかったものということができるのであって、このような事情のもとにおいては、本件土地の売買に際しては、農地法５条所定の知事の許可がその効力発生の要件であったとしても、右売買契約は本件土地が宅地に変じたとき、右要件は不要に帰し、知事の許可を経ることなく完全に効力を生ずるに至ったものと解するのが相当である。」

小問４について

(1)　転用届出書の偽造

ア　設例の場合、売主Ａが所有する農地を買主Ｂが譲り受け、同人が転用するというものであるから、５条転用届出書を農業委員会に提出し、これを受理してもらう必要がある。

この場合、契約当事者であるＡ・Ｂは、連署して届出書を農業委員会に提出する必要がある（規50条１項）。５条許可申請の場合と同様の原則が採用されている（いわゆる**双方申請の原則**）。

イ　ところが、設例の場合、ＢはＡの同意を得ることなく、勝手にＡの印鑑を使用して転用届出書を作成している。

このような行為は、第１に、農地法上は、農地法施行規則に反した違法なものであって、後記するとおり、転用届出受理の効力に影響を及ぼすと解される。

第２に、刑法上は、**私文書偽造罪**を構成する（刑159条１項）。私文書偽造罪の**偽造**とは、権限がないのに他人の名義を使用（冒用）して私文書を作成することをいう。また、Ｂは、偽造にかかる転用届出書を農業委員会に提出しているから、**偽造私文書行使罪**も同時に成立する。**(注)**

（注）

刑159条１項「行使の目的で、他人の印章若しくは署名を使用して権利、義務若しくは事実証明に関する文書若しくは図画を偽造し、又は偽造した他人の印章若しくは署名を使用して権利、義務若しくは事実証明に関する文書若しくは図画を偽造した者は、３月以上５年以下の懲役に処する。」

刑161条「前２条の文書又は図画を行使した者は、その文書若しくは図画を偽造し、若しくは変造し、又は虚偽の記載をした者と同一の刑に処する。」

⑵　転用届出受理処分の違法性

ア　今回、農業委員会は、５条転用届出書がＢによって偽造されたものであることを知らないまま受理処分を行った。この場合、農業委員会としては、全く事情を知らなかったことを根拠に、受理処分の有効性（瑕疵がないこと）を主張することができるか。

イ　これについては、岐阜地裁の判例があり、当事者の意思に基づかない届出は無効であり、無効な届出を受理した処分は当然に違法であるとした。**（注）**

転用届出の一方の署名（または記名捺印）が偽造されたものである場合、連署の要件を欠くことになることから、農地法施行規則に反した違法なものであることは間違いない。したがって、そのような転用届出は無効というべきである（ただし、後記するとおり、届出無効と受理処分無効とは、別個の問題と考えられる。）。

（注）

岐阜地判平19年３月７日（最高裁ホームページ）

「上記農地転用届出は、当事者双方の意思に基づいてなされる必要があることが当然の前提とされているものであり、当事者の一方又は双方の意思に基づかないでなされた届出は、無効な届出であって、これを受けてなされた当該届出の受理処分は、当然に違法であると解すべきである。これに対し、被告は、農地転用届出に関する農業委員会の審査事務は形式審査であるから、実質審査を行わなくとも違法でない旨主張するが、審査の方式いかんにかかわらず、当事者の意思に基づかないでなされた届出は無効であり、これを受理した処分は瑕疵のある処分であって、当然に違法なものであると解すべきである。」

(3)　判例の立場

ア　問題は、違法で無効な転用届出による農業委員会の受理処分は、単に取消し原因となる瑕疵を帯びるにとどまるのか、あるいはそれを超えて当然無効の瑕疵を帯びることになるのかという点である。

この問題について、静岡地裁は、当事者の一方のみの申請（意思）に基づいて行われた許可処分について、それは当然無効であるという解釈を示した。静岡地裁の立場によれば、設例の場合も同様に考えられるはずであり、届出受理処分は当然無効とされよう。**（注１）**

次に、最高裁の立場を確認すると、瑕疵ある行政行為は、原則として取り消し得る行政行為にとどまるが、その瑕疵が重大かつ明白な場合は、例外的に**無効原因**となるという立場をとっている（**重大かつ明白説**）。**（注２）**

（注１）

静岡地判昭32年９月６日（行集８・９・1546）

「農地法第３条による農地の所有権移転の許可処分は移転の当事者双方の合意を前提とし、同法施行規則第２条［現10条１項］によって右許可の申請は当事者が連名ですべきものと規定されている。したがって右の合意を欠き、当事者一方のみの申請によってなされた許可処分は、その許可処分の内容に相応する申請がないものに対する許可処分として、当然無効たるを免れない。」

（注２）

最判昭36年３月７日（民集15・３・381）

「行政処分が当然無効であるというためには、処分に重大かつ明白な瑕疵がなければならず、ここに重大かつ明白な瑕疵というのは、『処分の要件の存在を肯定する処分庁の認定に重大・明白な瑕疵がある場合』を指すものと解すべきことは、当裁判所の判例である［中略］。右判例の趣旨からすれば、瑕疵が明白であるというのは、処分成立の当初から、誤認であることが外形的、客観的に明白である場合を指す。［中略］もとより処分成立の初めから重大かつ明白な瑕疵があったかどうかということ自体は、原審の口頭弁論終結時までにあらわれた証拠資料により判断すべきものであるが、所論のように、重大かつ明白な瑕疵があるかどうかを口頭弁論終結時までに現れた証拠およびこれにより認められる事実を基礎として判断すべきものであるということはできない。また、瑕疵が明白であるかどうかは、処分の外形上、客観的に、誤認が一見看取し得るものであるかどうかにより決すべきものであって、行政庁が怠慢により調査すべき資料を見落としたかどうかは、処分に外形上客観的に明白な瑕疵があるかどうかの判定に直接関係を有するものではなく、行政庁がその怠慢により調査すべき資料を見落としたかどうかにかかわらず、外形上、客観的に誤認が明白であると認められる場合には、明白な瑕疵があるというを妨げない。」

イ　ここで、一有力説によれば、行政行為の無効原因として、おおよそ四つのものがあるとされる。すなわち、①主体に関する瑕疵、②内容に関する瑕疵、③手続に関する瑕疵、④形式に関する瑕疵の四つである（田中二郎・新版行政法上巻［全訂第２版］143頁）。

この見解によれば、相手方の出願または同意を前提とする行政行為の場合、出願または同意を欠いたまま行われた行政行為は、原則として無効となるとされている。

ウ　当事者が転用届出を農業委員会に対して行うに当たり、当事者の真正な届出意思が存在することは、不可欠の要件と考えられる（この点が欠落すれば、原則的に重大な瑕疵となる。）。

ただし、転用届出の一方当事者の署名が偽造されるという事態は、農業委員会にとっては通常はあり得ない想定外の事態であるし、また、必ずしも外形的・客観的に明らかな事実であるとまではいえない。したがって、この点を見逃したまま届出受理処分を行った農業委員会の誤認行為に明白な瑕疵があったとまでは解し難い。

エ　この点に関し、最高裁は、Aが、自己所有不動産を、Xに無断で同人に対し所有権移転登記を行い、続いてX名義の不動産売買契約書を偽造してさらにBに対し所有権移転登記をしたため、税務署がXに対し譲渡所得があるとして課税したところ、Xがその無効確認を求めて出訴した事件で、課税処分による不利益を甘受させることが著しく不当と認められるような例外的な事情がある場合は、課税処分は無効となるとした。**（注）**

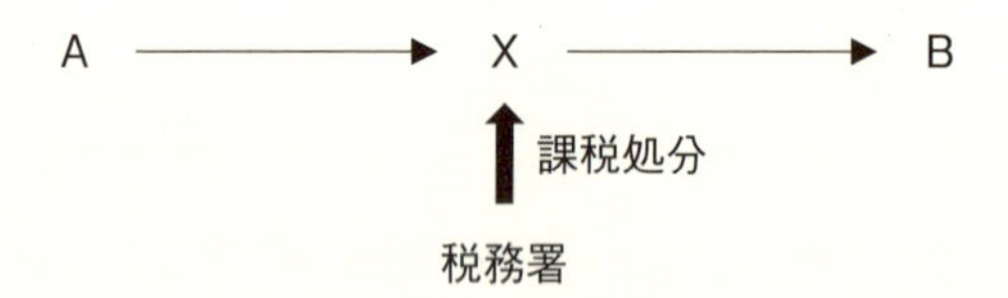

そして、最高裁は、XにおいてAの冒用行為を容認していたという特段の事情は認められないので、本件は例外的な事情がある場合に当たるとして、課税処分の無効を認めた。

（注）

最判昭48年4月26日（民集27・3・629）

「本件課税処分は、譲渡所得の全くないところにこれがあるものとしてなされた点において、課税要件の根幹についての重大な過誤をおかした瑕疵を帯有するものといわなければならない。［中略］本件は、課税処分に対する通常の救済制度につき定められた不服申立期間の徒過による不可争的効果を理由として、なんら責むべき事情のないＸらに前記処分による不利益を甘受させることが著しく不当と認められるような例外的事情のある場合に該当し、前記の過誤による瑕疵は、本件課税処分を当然無効ならしめるものと解するのが相当である。」

オ　以上、設例のように、一方の当事者Ａの届出意思が欠けていることを見逃したまま行われた届出受理処分には、重大な瑕疵があり、また、処分を無効と見るべき例外的な事情があると解されることから、明白性の要件は満たされていないとしても、農業委員会による届出受理処分は無効と解する。

もっとも、仮に、処分は違法ではあるが無効とまではいえないと解する立場をとったとしても、仮に、Ａにおいて取消訴訟の出訴期間内に、届出受理処分の取消しを求めて出訴していれば（行訴14条)、裁判所が判決で処分を取り消すことによって、処分は最初から無効となって、結果的には当然無効の場合と異ならなくなる。

⑷　職権取消しに応じない場合

売主Ａが農業委員会に対し、職権による取消しを求めたのに対し、農業委員会がこれに応じようとしない場合は、上記のとおり、Ａとしては、出訴期間内に裁判所に対して取消訴訟を提起し、裁判所の判決で届出受理処分を取り消してもらうという方法がある。

この場合、Ａは、出訴に当たっては訴訟要件を全部具備する必要がある（設例８「許可処分の職権取消しの可否と取消訴訟の原告適格」小問２参照)。

設例４　違反転用とその後の法律関係

設例４
（小問１）　Ａは、Ｂと相談の上、Ａ所有農地（ただし、第３種農地である。）をＢが譲り受けてこれを転用する旨の虚偽の５条許可申請をＤ県知事に行い、同知事の５条許可が出たらすぐにその土地を第三者Ｃに対し転売する計画を立てた。そして、Ａ・Ｂは、Ｄ県知事に対し、Ｂが農地をコンビニ店として使用する旨の架空の転用事業計画を示し、それを信じたＤ県知事から５条許可を得た。この場合、ＡまたはＢについて刑事責任は生じるか？
（小問２）　前問において、Ｂは５条許可を受けた後、すぐに、地目を「雑種地」に変更する登記を済ませ、当該土地を第三者Ｃに譲渡し、移転登記も完了した。事情を知ったＤ県知事は、法的手段を講ずることを検討している。何か方法はあるか？
（小問３）　Ｃは、転売を受けた土地上に住宅を建てようと考え、知人の建設業者にその土地を見てもらったところ、地下１メートルの所に人体に有害な化学物質が大量に廃棄されていることを知った。Ｃは、契約時にそのようなことは全く知らされておらず、住宅建設を断念するに至った。Ｃは、Ｂとの契約を解除して自分が支払った代金を返して欲しいと考えている。果たして可能か？

解答

小問１について

⑴　不正手段による許可の取得

ＡとＢは、Ｄ県知事に対し、架空の転用事業計画を示して５条許可を受けることができた。これは、下記のとおり、農地法64条２号（**許可の不正取得**）に該当すると考えられる。**（注）**

農地法64条は、同条に掲げる行為をした者に対しては、３年以下の懲役または300万円以下の罰金に処する旨を定めているが、Ａ・Ｂの場合は、同条２号に該当すると解される。

（注）

法64条「次の各号のいずれかに該当する者は、３年以下の懲役又は300万円以下の罰金に処する。

１号　第３条第１項、第４条第１項、第５条第１項又は第18条第１項の規定に違反した者

２号　偽りその他不正の手段により、第３条第１項、第４条第１項、第５条第１項又は第18条第１項の許可を受けた者

３号　第51条第１項の規定による都道府県知事等の命令に違反した者」

⑵　違反転用か

ア　ＡとＢは相談の上、実際には、ＢがＡ所有農地を譲り受けてこれをコンビニ店用地に転用する意思がないにもかかわらず、あえてその旨の転用許可申請を行った。

ところが、Ｄ県知事は、当該申請を真実のものと信頼して、その信頼を基に転用許可（５条許可）を行った。したがって、仮にＤ県知事が、Ａ・Ｂの真意を知っていたとしたら、転用許可処分を行うことはなかった。Ｄ県知事が許可処分を行ったのは、Ａ・Ｂに騙されたことが主な原因といえる。このことから、Ｄ県知事は、転用許可処分を詐取されたも

のと考え得る（法64条2号）。

イ　ここで、AとBの行為は、むしろ農地法64条1号に該当するのではないかという疑問も生じ得る。

しかし、同号が適用されるのは、許可申請時においては、申請書に記載した転用事業を行う意思が認められる場合である。つまり、同号は、許可を受けた後になって初めて申請書に記載した事業を行う意思が消滅したような場合に適用されると考えられる（D県知事としては、申請書に記載されたとおりの転用事業を申請者が行うべき旨の条件を付して許可するのが普通である。したがって、この場合は、**許可条件違反**に該当するため**違反転用**となる。）。

なお、無許可で転用事業を行うような場合（**無断転用**）に、同条1号が適用されることはいうまでもない。

以上のことから、AおよびBの行為は、農地法64条2号に該当する犯罪行為であり、同人らには刑事責任が発生すると考えられる。

小問2について

(1)　5条許可の取消し

ア　D県知事としては、A・Bに対して出した5条許可を取り消すことが考えられる。その根拠として、農地法51条1項は、D県知事に対し、違反転用者に対する処分を出す権限を付与しているからである。**（注1）**

当該条文によれば、D県知事は、5条許可を不正に取得したA・Bに対し、当該許可を取り消すことが可能である。

ただし、いかなる事情があっても、常に許可の取消しを行い得るとまではいえず、「土地の農業上の利用の確保及び他の公益並びに関係人の利益を衡量して特に必要があると認めるときは、その必要の限度において」という処分要件を満たす必要がある。

そして、D県知事が処分を行うに当たっては、農地法51条1項の定める要件を満たしているか否か、また、仮に満たしているとしても具体的にどのような処分を行うかの点の判断は、全て同県知事の行政裁量に委ねられていると考えられる。**（注２）**

（注１）

法51条１項「都道府県知事等は、政令で定めるところにより、次の各号のいずれかに該当する者（以下この条において「違反転用者等」という。）に対して、土地の農業上の利用の確保及び他の公益並びに関係人の利益を衡量して特に必要があると認めるときは、その必要の限度において、第４条若しくは第５条の規定によってした許可を取り消し、その条件を変更し、若しくは新たに条件を付し、又は工事その他の行為の停止を命じ、若しくは相当の期限を定めて原状回復その他違反を是正するため必要な措置（以下この条において「原状回復等の措置」という。）を講ずべきことを命ずることができる。

１号　第４条第１項若しくは第５条第１項の規定に違反した者又はその一般承継人

２号　第４条第１項又は第５条第１項の許可に付した条件に違反している者

３号　前２号に掲げる者から当該違反に係る土地について工事その他の行為を請け負った者又はその工事その他の行為の下請人

４号　偽りその他不正の手段により、第４条第１項又は第５条第１項の許可を受けた者」

（注２）

東京高判昭58年11月17日（訟月30・６・969）

（都道府県知事が）「いかなる内容の処分をなすべきかは、当該土地の農地としての保全の必要性その他の政策的事項にかかるのであるから、その判断は専ら都道府県知事等の裁量に委ねられているものと解すべきであって、都道府県知事等がその裁量権の範囲を超え又はそれを濫用した場合に始めて当該処分は違法ということができるものというべきである。」

イ　設例によれば、問題となっている農地は、第３種農地である。そこで、第３種農地の意味が問題となる。

そもそも、農地法４条または５条は、**転用許可基準**を定めているが、転用許可基準には、立地基準と一般基準がある。

前者の**立地基準**とは、申請にかかる農地をその営農条件および当該農地の周辺の土地の市街地化の状況からみて５つのものに区分し、その区分に従って許否を判断しようとするものである。

ここでは、４条の場合を示すが、５条についても内容的にはほぼ同一である。

立地基準
- 農用地区域内農地（法４条６項１号イ）
- 甲種農地（同項１号ロのうち令12条で定めるもの）
- 第１種農地（同項１号ロのうち甲種農地を除くもの）
- 第２種農地（同項１号ロ(2)）
- 第３種農地（同項１号ロ(1)）

ウ　これに対し、後者の**一般基準**とは、上記の農地の区分に関係なく適用される基準であり、土地の効率的な利用の確保という観点から許否の判断をするものである（法４条６項３号～５号）。そして、これらのいずれかに該当する場合は、許可処分を行うことはできない。

これらのうち、まず４条６項３号とは、申請者に転用事業を行うための資力・信用があると認められないこと、転用行為の妨げとなる者の同意を得ていないことなど転用行為の実現確実性に疑問がある場合である。

次に、同項４号とは、転用事業によって、土砂の流出・崩壊その他の災害を発生させるおそれがあること、農業用用排水施設の機能に支障を及ぼすおそれがあることその他の周辺農地の営農条件に支障を生ずるおそれがある場合である。

さらに、同項5号とは、一時利用のために転用を行う場合に、その後、農地に復元されることが確実と認められない場合である。

エ　さて、前記の**第3種農地**は、市街地の区域内または市街地化の傾向が著しい区域内にある農地のうち、政令で定める要件を満たした農地を指す（法4条6項ロ(1)、令13条・21条）。第3種農地の場合は、一般論として、転用許可申請があれば、原則的に許可ができるとされている。

オ　そうすると、農地法51条の解釈として、次のような結論が導かれる。

第1に、原状回復命令を出すための要件は具備されていないと考えられる。設例の農地は、仮に適法に転用許可申請が出されていたとすれば、原則的に許可を出し得る農地であるから、そのような農地に対し、あえて原状回復命令を出すことは、いかにも相当性を欠くと考えられるためである。

第2に、しかし、A・Bは、D県知事を騙して5条許可を不正に得たのであるから、D県知事としては、何らの処分を行うことなくこのまま不作為を続けるという対応をとることは許されないであろう。

そこで、5条許可処分を取り消すことが考えられる。許可処分を取り消すことによって、当該許可は、遡及的に無効となる（設例7「許可処分の取消しと撤回の異同」小問1参照）。

ただし、ここでD県知事が5条許可処分を取り消したとしても、Cの所有権取得の結果には影響はない。なぜなら、Bが問題の農地を非農地化したことによって、民法（私法）上は、農地の所有権は、有効にBからCに対し移転していると解されるからである（設例3「転用届出の効力」小問3参照）。

(2)　告発

ア　前記したとおり、A・Bは、3年以下の懲役刑または300万円以下の罰金に処せられる可能性がある。

ところで、刑事訴訟法は、一定の場合、公務員に対し**告発義務**を課している（刑訴239条２項「官吏又は公吏は、その職務を行うことにより犯罪があると思料するときは、告発をしなければならない。」）。

イ　告発義務を課されているのは、官吏すなわち国家公務員および公吏すなわち地方公務員である。Ｄ県知事は、特別職の地方公務員であるから（地公３条３項）、告発義務を負う。

告発とは、犯人または被害者以外の者が、捜査機関に対し犯罪が生じたことを申告し、犯人の捜査および訴追を求めることをいう（なお、犯罪被害者自身が、犯人の捜査および訴追を求めるのは**告訴**である。）。

ウ　ただし、いかなる事情があっても、常に、Ｄ県知事は告発義務を負うとは解されていない（通説）。諸般の事情を考慮した上で、告発するか否かを決定する行政的な裁量権があると考えられる。

ただし、Ｄ県知事が告発しない場合であっても、捜査機関において、その自主的判断に基づいて捜査を開始することができることは、当然である（刑訴189条２項「司法警察職員は、犯罪があると思料するときは、犯人及び証拠を捜査するものとする。」）。

(3)　公訴時効

ア　捜査機関が捜査を行うのは、公訴を提起し、犯人に対し刑事裁判を通じて有罪判決を得るためである。

しかし、他方で刑事訴訟法は、**公訴時効**という制度を置いている。たとえ犯罪を行っても、公訴時効期間が経過すると、検察官は、もはや公訴を提起することができない（犯人を刑事裁判にかけることができなくなる。その結果、有罪判決が出る可能性も消滅する。）。

イ　設例の罪は、３年以下の懲役または300万円以下の罰金である。この場合、刑事訴訟法250条２項６号によって、犯罪行為が終わった時から３年を経過すると、その時点で公訴時効が完成し、Ａ・Ｂを裁判にかけて有罪とすることはできなくなる。

小問3について

(1)　瑕疵担保責任

ア　Cは、Bから譲渡を受けた土地上に住宅を建設しようとしたが、地中に有害物質が大量に廃棄されていることを知り、住宅建設を断念した。この場合、Cが、Bとの売買契約を解除して、支払済みの代金を返金してもらうための民法上の条文として適用の可能性があるのは、**瑕疵担保責任**である（民570条）。**(注)**

(注)

民570条「売買の目的物に隠れた瑕疵があったときは、第566条の規定を準用する。ただし、強制競売の場合は、この限りでない。」

民566条1項「売買の目的物が地上権、永小作権、地役権、留置権又は質権の目的である場合において、買主がこれを知らず、かつ、そのために契約をした目的を達することができないときは、買主は、契約の解除をすることができる。この場合において、契約の解除をすることができないときは、損害賠償の請求のみをすることができる。」

同条3項「前2項の場合において、契約の解除又は損害賠償の請求は、買主が事実を知った時から1年以内にしなければならない。」

イ　売買目的物に**隠れた瑕疵**があると、売主に瑕疵担保責任が生じ、買主は、売買契約を解除し、または損害賠償の請求をすることができる。

ここでいう「瑕疵」とは、目的物が、取引において一般的に備えていなければならないとされる品質または程度を指す。瑕疵の種類として、物理的瑕疵、法令上の瑕疵（制限）、環境的瑕疵、心理的瑕疵などがある。

例えば、購入した自動車のブレーキに不具合があって、安全に停止することができないような場合は、物理的瑕疵である。また、購入した住宅の一室で過去に自殺者が発生していたような場合は、心理的瑕疵となる。

ウ　瑕疵は、隠れたものでなければならない。すなわち、一般人が通常の注意力を払っても発見できない瑕疵である必要がある。また、買主においてその瑕疵の存在に気が付いておらず、しかも気が付かなかったことに過失がなかったことも必要とされる。

⑵　設例の場合

ア　土地を購入したＣは、Ｂとの売買契約時に上記事情を知らされていなかった。また、有害物質は、地下１メートルの所に埋まっていたことから、Ｃが、契約時に通常の注意力を払っても有害物質を発見することは困難であったと考えられる。したがって、設例の場合は、隠れた瑕疵に当たると解される。

イ　Ｃにおいて有害物質を完全に除去することには、今後相当な費用が発生するであろうし、また、仮に、住宅建設に際しこれを完全に除去する見通しが立たないときには、環境的瑕疵として、将来においても健康に対する悪影響が懸念されることになる。すなわち、Ｃは、購入した土地上に住宅を建設するという目的（契約をした目的）を達成することができないというべきである。

したがって、Ｃは、Ｂとの売買契約を解除し、Ｂに対し、売買代金を自分に返還するよう請求することができると解される。

設例５　許可審査権と許可申請協力請求権

設例５

（小問１）　農地の所有者Ａは、自分が信仰する宗教団体を主宰する宗教法人Ｂに対し、農地を贈与する契約書を作成し、Ａ・Ｂ連署の上で農業委員会に対し３条許可申請を行った。ところがその後、Ａは、自分がＢに騙されていたことを知り、Ｂに対し、詐欺を理由として贈与契約を取り消し、さらに農業委員会に対しては、「自分は騙されたから、許可をしないように。」と申し入れた。農業委員会としてはどうすべきか？

（小問２）　前問で、宗教法人Ｂに騙されたことを知った農地の所有者Ａが、仮に３条許可申請手続に協力しない態度を明らかにしたときは、Ｂとしては、裁判を通じてＡに対し農地法３条許可申請に協力するよう求めることができるか？

（小問３）　前問で、宗教法人Ｂは、農地の所有者Ａとの裁判に勝訴したので判決正本を添付して農業委員会に対し単独で３条許可申請した。しかし、農地法上、宗教法人は３条許可を受けられる余地はないとの理由で不許可となった。その後、Ａの方から、「許可申請協力義務は１回限りのものであって、今般、不許可の結果が出た以上、許可申請協力義務は完全に消滅した。」という内容の通知がＢの下に届いた。Ａの通知は、正当なものといえるか？

解答

小問１について

⑴　許可審査権の在り方

ア　設例では、農地の所有者（贈与者）Ａと農地の受贈者Ｂとの間で、紛争が生じている。紛争の内容は、Ａ・Ｂが連署の上で農業委員会に対して３条許可申請（贈与契約に基づく農地の所有権移転を内容とする許可申請）をいったんは行ったが、贈与者であるＡの方から、農業委員会に対し、宗教法人Ｂに騙されたことを理由に、３条許可をしない旨の申入れがあったというものである。

したがって、紛争の内容とは、Ａ・Ｂ間の私法上（民法上）の権利義務に関するものといってよい。やや細かくいえば、Ａは、Ｂの詐欺によって騙されたので、詐欺を理由として贈与契約を取り消すというのである（民96条１項）。そして、Ａによる取消しが適法なものと認められれば、贈与契約は初めから無効となる（同121条１項）。**（注）**

（注）

民96条１項「詐欺又は強迫による意思表示は、取り消すことができる。」

民121条１項「取り消された行為は、初めから無効であったものとみなす。ただし、制限行為能力者は、その行為によって現に利益を受けている限度において、返還の義務を負う。」

イ　仮に、Ａの主張する内容が民法上正当なものであれば、同人が有効に取消権を行使した場合、Ａ・Ｂ間の贈与契約は、最初から無効となる（遡及的無効）。

しかし、契約当事者間で、私法上の権利義務をめぐって紛争が発生している場合、いずれの主張が法律的に正当なものであるかの点は、原則的に裁判手続を経て初めて分かることが多い。したがって、農業委員会としては、Ａの一方的な主張を聞くだけでは正確な判断に至ることは極めて困難といえる。

また、農業委員会は、農地法によって授権された許可権限を行使するための行政機関であって、私法上の権利義務について判断を下すことを任務とする司法機関（裁判所）ではない。

ウ　以上、農業委員会としては、当事者間の契約行為の有効または無効について審査する権限はないと考えられる。

農業委員会が行い得るのは、３条許可申請の内容について、農地法に照らして耕作者としての適格性が認められるか否かということのみである。したがって、農業委員会としては、Ａの申入れにとらわれることなく、許否の判断を行えば足りると解される。

(2)　判例の立場

最高裁も、行政庁である農業委員会が審査できるのは、譲受人が農地法上の適格性を有するか否かの点のみであるとしている。**(注)**

(注)

最判昭42年11月10日（訟月14・４・344）

「農地法３条または５条にもとづく知事の許可は、農地法の立法目的に照らして、当該農地の所有権の移転等につき、その権利の取得者が農地法上の適格性を有するか否かの点のみを判断して決定すべきであり、それ以上に、その所有権の移転等の私法上の効力やそれによる犯罪の成否等の点についてまで判断してなすべきではない、と解するのが相当である。」

小問２について

(1)　３条許可の単独申請

ア　農地の所有者Ａと宗教法人Ｂの間で、Ａ所有の農地をＢに無償で譲渡する内容の契約（贈与契約）が書面で締結された。**(注)**

本来であれば、Ａは、Ｂに対し３条許可申請手続に協力しなければならない（設例３「転用届出の効力」小問２参照）。

ところが、Ａは、自分がＢに騙されていたことを知り、農業委員会への３条許可申請に協力しない姿勢を見せた。つまり、贈与契約を履行する意思がないことを示した。

これに対し、Ｂは、裁判を提起して、Ａに対し農業委員会への３条許可申請に協力するよう求めたいと考えている。果たして、Ｂのそのような意図は実現可能か。

（注）

民549条「贈与は、当事者の一方が自己の財産を無償で相手方に与える意思を表示し、相手方が受諾をすることによって、その効力を生ずる。」

イ　ここで注意すべき点は、Ｂが、裁判を通じて３条許可申請手続についてＡに協力させようとした場合、Ｂは、Ａとの裁判における勝訴判決に基づいて農業委員会に対し**単独申請**することになるのであって、Ａと連署の上で双方申請することになるのではないということである（規10条１項２号）。つまり、Ｂは、勝訴判決の正本を添付の上、農業委員会に対し、単独で３条許可申請をすることになる。**（注）**

（注）

規10条１項２号「その申請に係る権利の設定又は移転に関し、判決が確定し、裁判上の和解若しくは請求の認諾があり、民事調停法（昭和26年法律第222号）により調停が成立し、又は家事事件手続法（平成23年法律第52号）により、審判が確定し、若しくは調停が成立した場合」

⑵　農地法の許可を受けられる可能性がない場合

ア　ところで、Ｂは宗教法人である。農地法の規定によれば、**農地所有適格法人**（旧農業生産法人）以外の法人が権利（所有権）を取得しようとする場合、原則的に不許可となる（法３条２項２号）。

宗教法人Ｂは、農地所有適格法人ではなく、また、許可を受けられる例外的な場合にも該当しないから、仮に、Ａ・Ｂが３条許可申請書に連署した上で、いわゆる双方申請を行ったとしても不許可とならざるを得ない。つまり、贈与契約を履行することは、法律上不可能ということである。

イ　そうすると、最初から履行が不可能な内容の契約を締結することに何か意味があるのか、という問題に発展する。ここで、このような契約は、最初から無効であると捉える立場があり、その立場は、民法133条の規定を根拠とする。民法133条１項は、「不能の停止条件を付した法律行為は、無効とする。」と定める。ここでいう**不能**とは、社会通念から客観的に考えた場合、実現が不可能と思われる場合を指す。

また、**停止条件**とは、条件が成就した場合に契約が効力を発生する場合の条件をいう（その反対に、条件が成就した場合に契約の効力が当然に失われる場合の条件は、**解除条件**と呼ばれる。）。

例えば、死者を生き返らせたら100万円与えるという贈与契約は、決して死者が生き返ることはないから、不能の停止条件を付したものとして無効となる（つまり、そのような契約に法的な効力はない。）。

以上の理由から、設例のような事例について、名古屋高裁は、宗教法人の請求を退けた。**(注)**

(注)

名古屋高判昭47年10月31日（判時698・66）

（農地法３条）「によると、都道府県知事は政令で定める相当の事由がある場合を除き農業生産法人以外の法人が農地の所有権の移転を受けるについて許可を与えることができないことになっており、前記贈与契約のうち本件(2)の土地に関する部分については右３条にもとづく都道府県知事の許可を得られない（政令で定める相当の事由がある場合にあたらない）ものであり、右契約部分によって一審原告が本件(2)の土地の所有権を取得することは法律上不能であるから、該部分は無効といわなければならず、該部分にもとづき一審被告に対し本件(2)の土地につき農地法第

３条所定の許可申請手続、右許可があった場合に所有権移転登記手続を求める一審原告の請求は失当である。」

ウ　しかし、上記の立場には疑問が残る。なぜなら、この場合について、不能の停止条件を付けた契約であるとまでは断定できないからである。

例えば、農地の贈与契約において、受贈者（農地上の権利を譲り受ける者）が非農家の場合、仮に、贈与者と受贈者が連署の上で、農業委員会に対して３条許可申請を行っても、同人らに対し３条許可処分が行われる可能性は皆無である。

しかし、仮に将来的に受贈者が農業適格者に変化する見込みがあれば、その時点で３条許可処分を受けられる可能性が生じるのである。

エ　判例の中には、許可を得ることが不可能な事情がある場合であっても、契約当事者の一方が、他方に対し許可申請手続に協力するよう求めている以上、他方は、これを拒否できないとしたものがある。**(注)**

設例の場合も、基本的には同様に考えることができ、宗教法人Ｂは、Ａに対し、農業委員会への３条許可申請手続に協力するよう裁判を通じて求めることができると解する。

(注)

名古屋地判昭46年５月25日（判タ265・169）

「農地の売買契約においては、それにつき都道府県知事の許可があってはじめて当該農地につき所有権移転の効力を生ずるのであって、右許可のない段階においては、右売買契約は、単に契約当事者間に、農地法の定めるところにしたがい都道府県知事に対し、許可申請手続をして当該農地の所有権移転につき許可が得られるよう相互に協力すべき義務を生じているに過ぎないものであるところ、右許可申請手続をすること自体は、たとえ売買契約成立後の調査によって当該農地の所有権移転につき都道府県知事の許可を得ることが不可能であることが判明したとしても、これによってただちに不可能となるわけではなく、また農地の所有権移転を目的とする法律行為は、これにつき都道府県知事の不許可処分があってはじめてその効力を生じないことに確定するのであるから、当該農地の所有権移転につき都道府県知事の許可を得ることが不可能な事情のある場合でも、売買契約の当事者の一方が、なおかつ、都道府県知事の現実の処分を受けることを希望して農地法の規定による許可申請手続に協力すべきことを求めている以上、他の一方は、これに応ずべき義務を免れないものというべきである。」

オ　ただし、上記のように解することができたとしても、勝訴した宗教法人Ｂが、農業委員会に対し判決正本を添付した上で単独で３条許可申請を行っても、前記の理由から、不許可処分が出されることになる。

小問３について

(1)　許可申請協力請求権の消滅

ア　設例において、農地の所有者Ａは、許可申請協力義務の効力は１回限りのものであって、農業委員会から不許可の結果が示された以上、もはや宗教法人Ｂからの許可申請協力請求に応じる必要はないとする立場をとっている。このような考え方を認めることはできるであろうか。反対論もあり得るであろうが、本書は認められると解する。

思うに、農地所有権の贈与契約において、贈与者が負担する主たる債務（義務）とは、農地の所有権を受贈者に移転することである。

しかし、耕作目的で、農地の所有権を受贈者に移転するためには、農業委員会の３条許可を受ける必要がある（仮に転用目的の場合は、原則的に都道府県知事の５条許可である。）。そこで、農地の譲渡人は、自分が負う主たる債務（義務）を履行するために、３条許可申請手続に協力するわけである。

イ　設例では、Ａが任意にその義務を果たすことを拒んだので、Ｂが訴訟を提起し、勝訴判決によって、Ｂは単独申請することができた。そして、Ｂの単独申請の結果、農業委員会は不許可の判断を下した。

Ｂの単独申請は、もちろんＡが任意に許可申請手続に協力しなかったことから生じた結果であるが、Ａが仮に任意に協力した場合と同じく、農業委員会の正式の判断が示されたことに違いはない。

このように、いったん農業委員会から正式の判断が示された以上、ＡがＢに対して負担する許可申請協力義務は、その時点で、原則的に消滅すると解される。

⑵　最高裁判例

この問題について、最高裁の判例は、許可申請して許可処分を受けるか、あるいは農地の売主として当然になすべき努力をしても如何ともなしえない事由に基づく不許可処分があるまでは、売主は許可申請協力義務を免れないとしている。**(注)**

設例では、Ｂが単独申請した結果、不許可処分を受けたのであるが、不許可処分の主たる理由は、Ｂが宗教法人であることにあった。したがって、今後、Ｂが何回許可申請しても３条許可を受けられる見込みはないと考えられ、もはやＡの許可申請協力義務は消滅したと解される。

(注)

最判昭41年９月20日（金融商事29・11）

「農地を農地以外の土地に転用する目的のもとに売買契約を結んだ売主は、買主と協力して農地法５条所定の知事に対する許可申請手続をして権利移転の許可を受け、売買契約を効力あらしめるよう、信義則上要求されるところに従って努力すべき義務を当然に負うものであって、この義務は、右許可を得るか、売主として当然になすべき叙上の努力をしても如何ともなしえない事由に基づく不許可処分があるまでは、売主においてこれを免れることはできないものと解すべきである。」

設例６　３条許可申請と行政指導

設例６
（小問１）　農地の所有者Ａは、農業者Ｂとの間で農地の売買契約を締結し、農業委員会に対し３条許可申請を行った。ところが、農業委員会の職員Ｃは、農地法の初歩的な解釈を誤り、農業委員会の窓口に来たＡ・Ｂに対し、「３条許可を受けることは難しい。」と述べて、申請取下げを行うよう行政指導した。そのため、Ａ・Ｂは、いったん３条許可申請を取り下げた。しかし、３か月後、Ｃの指導は誤りであることが判明し、Ａ・Ｂは、再度、３条許可申請を行い、同許可を受けることができた。職員Ｃが行った行政指導とは何か？
（小問２）　前問で職員Ｃの法解釈が正しかったと仮定した場合、Ｃが３条許可申請書を取り下げるよう行政指導することは適法といえるか？
　仮に、Ａ・Ｂがこれに応じない場合はどうか？
（小問３）　小問１においては、行政指導に誤りがあったと考えられるが、この場合、誰についてどのような責任が発生するか？
（小問４）　３条許可処分の効力とは、どのようなものか？
（小問５）　３条許可処分を受けた後、Ａ・Ｂ双方は、農地の所有権を元に戻したいと考え、農業委員会に対し、３条許可処分を取り消すよう求めてきた。果たして認められるか？

解答

小問１について

(1)　行政指導とは

ア　農地の所有者Ａと農業者Ｂの間で、Ａ所有の農地をＢが買い受ける契約が成立したので、Ａ・Ｂは、農業委員会の３条許可を受けようとした。

ところが、農業委員会の職員Ｃは、農地法の初歩的な解釈を誤り、農業委員会の窓口に来たＡ・Ｂに対し、「３条許可を受けることは難しい」と述べ、許可申請の取下げを勧めた。この職員Ｃの行為は、**行政指導**といわれるものである。

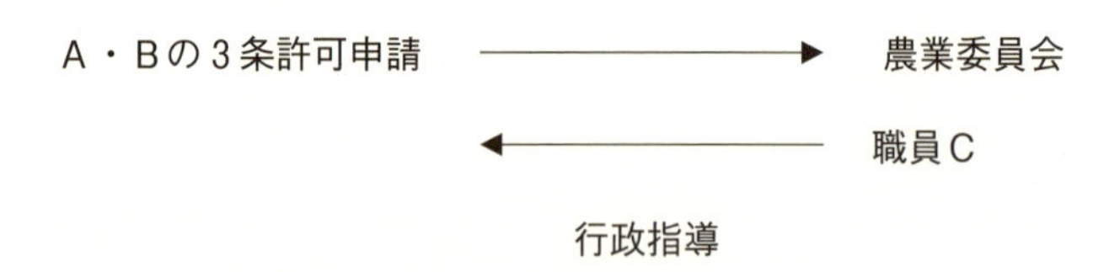

イ　行政指導については、行政手続法（以下「行手法」という。）に規定があり、「行政機関がその任務又は所掌事務の範囲内において一定の行政目的を実現するため特定の者に一定の作為又は不作為を求める指導、勧告、助言その他の行為であって処分に該当しないものをいう。」とされている（行手２条６号）。

また、行政指導を行うに当たり、法律の根拠は必ずしも必要とはされず、また、これは公務員の職務権限に基づく職務行為に当たるとされている（最判平７年２月22日刑集49・２・１）。

ウ　なお、行手法３条３項は、地方公共団体が行う行政指導については、行手法第２章から第６章までの規定は、適用しないと定める（適用除外)。しかし、行手法46条は、同時に、地方公共団体に対し、行政指導について独自の行政手続条例を定めるため努力することを要請している。

そのため、現在では、ほとんど全ての地方公共団体で行政手続条例が制定されているようである。設例の場合、農業委員会を設置している地方公共団体(市町村)においても行政手続条例が制定されているはずであるから、行手法の各本条に相当する市町村の行政手続条例が適用されることになる(中原茂樹・基本行政法［第２版］165頁)。**(注)**

(注)

行手46条「地方公共団体は、第３条第３項において第２章から前章までの規定を適用しないこととされた処分、行政指導及び届出並びに命令等を定める行為に関する手続について、この法律の規定の趣旨にのっとり、行政運営における公正の確保と透明性の向上を図るため必要な措置を講ずるよう努めなければならない。」

エ　このように、行政指導は、特定の者を対象とした**事実行為**であって、相手方に対する強制力はない。例えば、農地法３条許可申請書に、本来であれば添付を要する必要書類が添付されていなかったため、農業委員会の職員が申請者に対して添付を求めることは、行政指導に当たる。

ただし、相手方がこれに従うことを拒否したとしても、後記するとおり、そのことを理由に相手方が提出した申請書の受け取りを留保したり、あるいは拒否したりすることはできない。

(2)　行政指導の一般原則

ア　行政指導の一般原則については、行手法32条に規定があり、行政指導は、あくまで相手方の任意の協力によってのみ実現されるものであると定められている。**(注)**

(注)

行手32条１項「行政指導にあっては、行政指導に携わる者は、いやしくも当該行政機関の任務又は所掌事務の範囲を逸脱してはならないこと及び行政指導の内容があくまでも相手方の任意の協力によってのみ実現されるものであることに留意しなければならない。」

同条2項「行政指導に携わる者は、その相手方が行政指導に従わなかったことを理由として、不利益な取扱いをしてはならない。」

イ　また、同条によれば、行政指導を行うに当たっては、当該行政機関の任務または所掌事務の範囲を逸脱してはならないとされている。

例えば、農業委員会等に関する法律は、その6条で所掌事務を定めている。したがって、農業委員会の職員が職務を行うに当たっては、当該規定を順守する義務があり、仮に所掌事務の範囲を超えて相手方に対し行政指導を行ったときは、そのような行為は、職務を外れた違法な行為となると解される（芝池義一・行政法読本［第3版］165頁）。

(3)　申請に関連する行政指導

ア　行政指導は、許認可の申請に関連して行われることも多い。

例えば、設例において、A・Bが3条許可申請を行ったのに対し、農業委員会の職員Cが申請の取下げを指導するような場合がこれに当たる。

この点について、行手法33条は、申請の取下げまたは変更を求める行政指導において、相手方がこれに従う意思がないことを表明した後は、当該行政指導を継続してはならないと定める。**(注)**

(注)

行手33条「申請の取下げ又は内容の変更を求める行政指導にあっては、行政指導に携わる者は、申請者が当該行政指導に従う意思がない旨を表明したにもかかわらず当該行政指導を継続すること等により当該申請者の権利の行使を妨げるようなことをしてはならない。」

イ　ここで、相手方において、単に行政機関の行政指導に従う意思がないとの回答を示しさえすれば、その事実をもって、行政機関はそれ以降一切の行政指導を中止しなければならないのか、という問題がある。なぜなら、最高裁判決は、相手方の意思表示の程度の軽重をも要件に取

り込んでいると解釈することもできるからである（ただし、この判例は、行手法が制定される以前に出された。）。**(注)**

一口に行政指導に従わない旨の意思表示といっても、その程度にはいろいろな場合があり得るから、行政機関としては、以降の行政指導を中止すべきか否かの判断に迷うこともあり得る。したがって、この場面における行政指導に従わない旨の意思表示は、真摯かつ明確にされたものである必要があると解される（宇賀克也・行政手続三法の解説［第1次改訂版］164頁）。

また、行政指導に従わない意思を明確に示している相手方の側に、当該行政指導に従わないことが社会通念上正義の観念に反するものといえる特段の事情がある場合には、当面の間、行政機関において行政指導を継続することが直ちに違法とされるものではない、と解されている。

(注)

最判昭60年7月16日（民集39・5・989）

「確認処分の留保は、建築主の任意の協力・服従のもとに行政指導が行われていることに基づく事実上の措置にとどまるものであるから、建築主において自己の申請に対する確認処分を留保されたままでの行政指導には応じられないとの意思を明確に表明している場合には、かかる建築主の明示の意思に反してその受忍を強いることは許されない筋合いのものであるといわなければならず、建築主が右のような行政指導に不協力・不服従の意思を表明している場合には、当該建築主が受ける不利益と右行政指導の目的とする公益上の必要性とを比較衡量して、右行政指導に対する建築主の不協力が社会通念上正義の観念に反するものといえるような特段の事情が存在しない限り、行政指導が行われているとの理由だけで確認処分を留保することは、違法であると解するのが相当である。」

ウ　設例の場合、農業委員会の職員Cは、農地法を誤って解釈し、そのため、間違った行政指導をＡ・Ｂ双方に対して行った。したがって、このような指導は、本来、適法な行政指導の枠を外れた違法なものとなる（違法な行政指導）。

小問２について

⑴　適法な行政指導

設例において、仮に、農業委員会の職員Ｃが、農地法の正しい解釈に基づいてＡ・Ｂ双方に対し３条許可申請の取下げを指導していた場合、これは果たして適法といえるか。

例えば、３条許可申請書類に、許可処分を受けるために必須とされる添付書類が付いていなかったような場合、Ｃが、申請者Ａ・Ｂ双方に対し、必要な書類を追完しないと許可は出せないと説明した上で、必要書類を追完（補正）するよう指導することは適法である（適法な行政指導）。なぜなら、そのような場合は、形式的要件を欠くことを理由に申請の補正を求めるものと考えられるので、適法な行政指導といえるからである。

⑵　審査開始・応答義務の発生

ア　しかし、他方で、行手法７条は、許可申請が行政庁の事務所に到達した場合に、行政庁に対し速やかに審査を開始し、申請に対して応答すべき義務を課している（**審査開始・応答義務**）。**（注）**

これは、申請者の**申請権**を保障したものと解される。設例でいえば、Ａ・Ｂ二人の３条許可申請者は、農業委員会から同条の許可を得ることを目的として申請をしているのであるから、同人らは、農業委員会からそれに対する応答を受ける権利があるということである（ただし、ここでいう「権利」とは、許可を受けることができる権利という意味ではなく、行政庁に対し、許可または不許可という結果を正式に示すよう求めることができる地位ないし利益という意味である。）。

イ　農業委員会から、許可または不許可という結果の応答があれば、

A・Bとしては、その後に適切な対応策を講ずることが可能となる（具体的にいえば、不許可の結果が出た場合は、行政不服審査の請求または取消訴訟の提起などの対応が可能となる。）。

これに関連して、生活保護申請をした者に対し、三郷市の社会福祉事務所の職員が生活保護を受けることができないと回答した事案について、申請権の侵害を認め、市に対し損害賠償を支払うよう命じた判例がある（さいたま地判平25年2月20日判時2196・88）。

（注）

行手7条「行政庁は、申請がその事務所に到達したときは遅滞なく当該申請の審査を開始しなければならず、かつ、申請書の記載事項に不備がないこと、申請書に必要な書類が添付されていること、申請をすることができる期間内にされたものであることその他の法令に定められた申請の形式上の要件に適合しない申請については、速やかに、申請をした者（以下「申請者」という。）に対し相当の期間を定めて当該申請の補正を求め、又は当該申請により求められた許認可等を拒否しなければならない。」

小問3について

(1)　違法な行政指導

ア　設例において、農業委員会の職員Cは、違法な行政指導を行い、そのためA・Bは、いったん3条許可申請を取り下げた。この場合、誰についてどのような責任が発生するか。

イ　国家賠償法（以下「国賠法」という。）1条は、公務員による違法な公権力の行使によって他人に損害を加えた場合、国または公共団体に責任が発生する旨を定める。これを**国家賠償責任**という。**（注1）**

ここで、設例の職員Cは、国賠法1条1項の「公務員」に当たる。また、行政指導は、「公権力の行使」に該当する。**（注2）**

なお、特別児童扶養手当に関する市の職員の対応を違法とした大阪高裁の判決がある。**（注３）**

（注１）

国賠１条１項「国又は公共団体の公権力の行使に当る公務員が、その職務を行うについて、故意又は過失によって違法に他人に損害を加えたときは、国又は公共団体が、これを賠償する責に任ずる。」

（注２）

静岡地判昭58年２月４日（判時1079・80）

「国家賠償法１条１項所定の『公権力の行使』とは、国又は公共団体の作用のうち、純然たる私的経済作用および同法２条所定の公の営造物の設置および管理の作用を除くすべての作用をいうと解するのを相当とするから、本件において被告富士市長らのなした行政指導は、同法所定の公権力の行使に当たるものというべきである。」

（注３）

大阪高判平26年11月27日（判時2247・32）

「窓口の担当者においては、条理に基づき、来訪者が制度[社会保障制度]を具体的に特定してその支給の可否等について相談や質問をした場合はもちろんのこと、制度を特定しないで相談や質問をした場合であっても、具体的な相談等の内容に応じて何らかの手当を受給できる可能性があると考えられるときは、受給資格者がその機会を失うことがないよう、相談内容等に関連すると思われる制度について適切な教示を行い、また、必要に応じ、不明な部分につき更に事情を聴取し、あるいは資料の追完を求めるなどして該当する制度の特定に努めるべき職務上の法的義務（教示義務）を負っているものと解するのが相当である。そして、窓口の担当者が上記教示義務に違反したものと認められるときは、その裁量の範囲を逸脱したものとして、国家賠償法上も違法の評価を受けることになるというべきである。」

ウ　国家賠償法１条１項は、「故意又は過失によって違法に」他人に損害を加えたときに、国または公共団体について賠償責任を肯定する。そのため、この条文のいう「故意又は過失」という文言と、「違法に」という文言をどのように調和させて解釈するかという問題が生じる。

この問題について学説の説くところは様々であって、未だ通説的なものは見当たらない状況といえよう。

ただ、ここで学説を細かく検討しても、実務家にとっては余り意味がないと思うので、本書は最高裁が採用する立場を支持することとする。

⑵　職務行為基準説

ア　最高裁は、いわゆる奈良民商事件判決において、**職務行為基準説**に立つことを明らかにした（この事件において、最高裁は、税務署長の更正について注意義務違反はないとした。）。**（注１）（注２）（注３）（注４）**

（注１）

最判平５年３月11日（民集47・４・2863）

「税務署長のする所得税の更正は、所得金額を過大に認定していたとしても、そのことから直ちに国家賠償法１条１項にいう違法があったとの評価を受けるものではなく、税務署長が資料を収集し、これに基づき課税要件事実を認定、判断する上において、職務上通常尽くすべき注意義務を尽くすことなく漫然と更正をしたと認め得るような事情がある場合に限り、右の評価を受けるものと解するのが相当である。」

（注２）

最高裁判所判例解説民事篇平成５年度（上）384頁（井上繁規調査官）

「本判決は、税務署長のした所得税の更正が、収入金額を確定申告の額より増額しながら必要経費の額を確定申告の額のままとしたため所得金額を過大に認定していたことを理由に、後に裁判所によってその一部が取り消され、その取消判決が確定したような場合であっても、そのことから直ちに右更正が国家賠償法１条１項にいう違法な公権力の行使に当たるものというべきではなく、税務署長が右更正をするに際し、職務上通常尽くすべき注意義務を尽くすことなく漫然と更正をしたと認められる事情がある場合に限り、右違法性が肯定される旨を明らかにしたものである。本判決は、税務署長のした所得税の更正につき、その違法性の判断基準として、違法性相対論および職務行為基準説が妥当することを明らかにした初めての最高裁判例であり、今後の実務に与える影響も大きい重要な判例ということができよう。」

（注３）

最判平11年１月21日（判時1675・48）

「市町村長が住民票に法定の事項を記載する行為は、たとえ記載の内容に当該記載に係る住民等の権利ないし利益を害するところがあったとしても、そのことから直ちに国家賠償法１条１項にいう違法があったとの評価を受けるものではなく、市町村長が職務上通常尽くすべき注意義務を尽くすことなく漫然と右行為をしたと認め得るような事情がある場合に限り、右の評価を受けるものと解するのが相当である［中略］。」

（注４）

最判平20年２月19日（民集62・２・445）

「被上告人税関支署長において、本件写真集が本件通知処分当時の社会通念に照らして『風俗を害すべき書籍、図画』等に該当すると判断したことにも相応の理由がないとまではいい難く、本件通知処分をしたことが職務上通常尽くすべき注意義務を怠ったものということはできないから、本件通知処分をしたことは、国家賠償法１条１項の適用上、違法の評価を受けるものではないと解するのが相当である［中略］。」

イ　上記の職務行為基準説とは、文字どおり、国または地方公共団体の公務員（職員）が、職務を遂行するに当たり職務上の注意義務に違反したことが、国賠法上の違法性になると解する立場である。この立場によれば、過失要件は、独自の存在意義をほとんど失い、違法性が認められれば過失も自動的に認められることになると解される（山本隆司・判例から探究する行政法541頁)。

設例において、農業委員会の職員Ｃは、農地法の初歩的な解釈を誤り、Ａ・Ｂに対し３条許可申請の取下げを指導し、同人らはこれに従う形で申請を取り下げた。Ｃは、農業委員会職員として、当然に心得ておくべき農地法の解釈を間違え、それが原因となって誤った行政指導を行ったといえるのであるから、同人の行為は、職務上の注意義務に違反した違法なものと考えられる。

ウ　この場合、Ａ・Ｂが何らかの損害を受けたときに、同人らに対して国賠法上の賠償責任を負うのは、農業委員会ではなく、同委員会を設置している市町村である(国賠１条１項)。

小問４について

(1)　３条許可処分とは

ア　設例において、農地の譲渡人Ａと譲受人Ｂとの間で売買契約が締結され、また、農業委員会の３条許可も出た。では、３条許可処分の効力とはどのようなものであろうか。

イ　その前に確認しておくべき点がある。それは、農地法３条７項が、「第１項の許可を受けないでした行為は、その効力を生じない。」と定めている点である。このことから、許可申請の当事者間で契約を締結しても、それだけでは、私法上は権利の移転または設定の効果が発生しないことが分かる(つまり、無効ということである。)。そして、後記するとおり、許可を受けることによって契約の効力が発生することになるのである。

ウ　３条許可の対象となる権利は、所有権、地上権、永小作権、質権、使用貸借による権利、賃借権またはその他の使用収益を目的とする権利である。

これらの権利のうち、所有権、地上権、永小作権および質権は、**物権**である。物権は、一定の物を直接に支配してそこから利益を受ける排他的権利である。物権の場合は、その対象物を直接支配することになる。

また、物権は排他的な権利であるから、ある物に一つの物権が存在するときは、これと同一内容の物権が同時に成立することは認められない（なお、同一の物に、物権である複数の抵当権が成立することが認められているが、この場合は、先順位の抵当権が、後順位の抵当権に優先する。）。

他方、使用貸借による権利、賃借権およびその他の使用収益を目的とする権利は、**債権**である。債権は、権利を実現するために債務者の行為つまり給付を必要とする。また、債務者に、同一の債権が同時に成立することが原則的に認められている。

3条許可の対象となる権利と具体的契約類型

権利の種類	権利移動	権利設定	具体的契約類型の例示
所有権	○	―	売買、贈与、交換
地上権	○	○	地上権設定
永小作権	○	○	永小作権設定
質権	○	○	質権設定
使用貸借による権利	○	○	使用貸借
賃借権	○	○	賃貸借
その他の使用収益権	○	○	民法上の無名契約

(2)　3条許可処分の性質

ア　3条許可処分の性質について、最高裁は、**補充行為**の性質を有するとしている。**(注)**

補充行為とは、契約当事者間の法律行為を補充してその効力を完成させる行為をいう。講学上は**認可**と呼ばれることもある。

さらに、農地法64条は、3条許可を受けないで法律行為を行った者に対する罰則規定を置いていることから、同条の許可は、講学上の**許可**（法令または行政処分によって国民に課された一般的禁止を解除する行為をいう。）の性質も併せて有していると考えられる。

（注）

最判昭38年11月12日（民集17・11・1545）

「農地法第3条に定める農地の権利移動に関する県知事の許可の性質は、当事者間の法律行為（たとえば売買）を補充してその法律上の効力（例えば売買による所有権移転）を完成させるものにすぎず、講学上のいわゆる補充行為の性質を有すると解される［中略］。」

イ　上記のとおり、3条許可は補充行為の性質を持つことから、A・B間で所有権の譲渡を目的とする契約を締結した場合、農業委員会から3条許可を受けた時点で、売買目的農地の所有権が、AからBに移転することになる。

より正確にいえば、農業委員会が作成した3条許可書を申請者であるAまたはBが受領した段階で、処分の効力が発生すると解される。特定人を対象とする行政処分の効力発生時期について、最高裁は、処分の内容が相手方に告知されるか相手方において了知し得る状態に置かれることを要するとしている。**（注）**

（注）

最判昭57年7月15日（民集36・6・246）

「行政処分が行政処分として有効に成立したといえるためには、行政庁の内部において単なる意思決定の事実があるかあるいは右意思決定の内容を記載した書面が作成・用意されているのみでは足りず、右意思決定が何らかの形式で外部に表示されることが必要であり、名宛人である相手方の受領を要する行政処分の場合は、さらに右処分が相手方に告知され又は相手方に到達することすなわち相手方の了知しうべき状態におかれることによってはじめてその相手方に対する効力を生ずるものというべきである。」

小問５について

⑴　３条許可処分の取消し

ア　設例において、農地の譲渡人Ａと譲受人Ｂは、農地所有権の譲渡行為を有効とする効果のある３条許可を受けることができた。これによって、農地の所有権はＢに移動した。

ところが、Ａ・Ｂ双方は、その農地所有権を元に戻したいと考えるに至り、その手段として、農業委員会に対し、３条許可を取り消すよう求めている。農業委員会は、そのような要求に応じる必要があるか。

イ　結論を先にいえば、農業委員会は、そのような要求に応じる必要はないと解される。理由は、以下に述べるとおりである。

第１に、いったん行った３条許可処分を取り消す理由が存在しないからである。そもそも、許可の取消しは、許可処分に瑕疵があった場合に行い得るものである。ところが設例の場合は、許可処分を行った時点では何ら瑕疵が見当たらないため、農業委員会としては、処分の取消しを行うことはできない（設例７「許可処分の取消しと撤回の異同」小問１参照）。

第２に、ここでいう「取消し」を、仮に撤回と理解した場合はどうか。撤回処分を行うためにも一定の理由が必要である。ところが、設例においては、撤回事由となり得るものは見当たらない（①義務違反に対する制裁、②公益上の理由、③許可要件の消滅のいずれにも当たらない。）。

以上、農業委員会は、３条許可処分を取り消す根拠がないことから、取消し要求に応じるべきではない。

⑵　再度の売買と売買契約の解除

ア　では、Ａ・Ｂは、どのような手段を講ずれば、農地の所有権を元に戻すことができるであろうか。

第１の方法とは、再度、農地を売買するという方法である。しかし、その際、当然のことではあるが、譲受人となるＡは農地法３条許可を受ける必要がある。つまり、Ａは農業適格者である必要がある（農業適格者でなければ、Ａは３条許可を受けることができないからである。）。

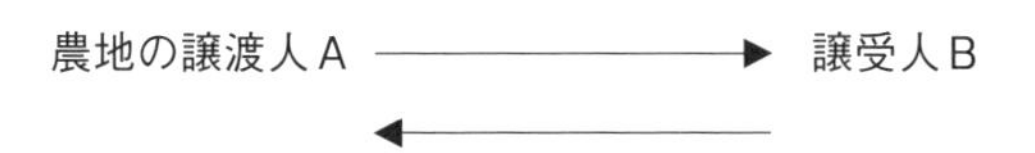

第２の方法とは、当事者間で、当初の売買契約を解除するための契約を新たに結ぶという方法である（**合意解除、解除契約**）。しかし、この場合も、上記と同様に、Ａは３条許可を受ける必要がある（東京高判昭42年11月29日東高民報18・11・185）。**（注）**

（注）

東京高判昭42年11月29日（東高民報18・11・185）

「農地の売買契約その他農地の所有権移転を目的とする契約の合意解除により農地の所有権が元の所有者に復帰するためにも、その復帰については農地法の適用があるものと解すべきである。けだし、解除は当事者に原状回復義務を負わせるものであって、その実質において新たな権利変動を生ぜさせると異るところはないからである。もっとも、法定の事由による解除の場合には、法律の定めるところによって解除権が発生するものであるから、法定解除による農地所有権の原状回復については同法の適用はないと解さなければならない。そうでないと、当事者は法律上認められた解除権の行使を封ぜられると同一に帰するからである。しかし、合意解除はこれと同一に論ずることはできない。合意解除は当事者の完全な自由意思によるものであって権利にもとづくものではないから、農地所有権の移転を目的とする契約の合意解除についてその効力を認め農地法の適用がないと解しては、実質上農地所有権の移転を当事者の自由意思に放任すると異らないこととなるからである。」

イ　ただし、Ａにおいて３条許可を受ける必要がない場合もある。それは、債務不履行による契約解除の場合である（**法定解除**）。債務不履行については、民法540条以下に規定がある。当事者の一方が法定解除権に基づいて売買契約を解除した場合、契約は遡及的に消滅すると解される（**直接効果説**）。**（注）**

設例において、例えば、買主Ｂが、売主Ａの債務不履行を理由に売買契約を解除すれば、当該契約は遡及的に効力を失い、農地の所有権もＡに復帰する。つまり、農地の所有権は、最初からＡにあったことになる。いわば白紙に戻るということである。

（注）

民540条１項「契約又は法律の規定により当事者の一方が解除権を有するときは、その解除は、相手方に対する意思表示によってする。」

民541条「当事者の一方がその債務を履行しない場合において、相手方が相当の期間を定めてその履行の催告をし、その期間内に履行がないときは、相手方は、契約の解除をすることができる。」

民545条１項「当事者の一方がその解除権を行使したときは、各当事者は、その相手方を原状に復させる義務を負う。ただし、第三者の権利を害することはできない。」

ウ　最高裁も、「売買契約の解除は、その取消の場合と同様に、初めから売買のなかった状態に戻すだけのことであって、新に所有権を取得せしめるわけのものではないから農地法３条の関するところではないというべきである。」としている（最判昭38年９月20日民集17・８・1006）。

設例７　許可処分の取消しと撤回の異同

設例７
（小問１）　農地の所有者Ａと農業者Ｂは、Ａ所有農地をＢが賃借する契約を結び、農業委員会に対して農地法３条許可申請を行い、同条３項の適用を受けて許可を得ることができた。賃貸借の期間は10年であったが、賃借人Ｂは、最初の３年間は賃借目的農地を適正に耕作していた。しかし、その後、Ｂが自分の健康問題を理由に耕作を止めたため、それ以降、目的農地は雑草が生い茂る状態に陥った。しかし、Ｂは、賃料（借賃）だけは滞納することなく毎年Ａに支払っているため、Ａには契約を解除する気が全くない。果たして、農業委員会は、３条許可を取り消すことができるか？
（小問２）　前問の場合、仮にＢが目的農地を耕作しているが、Ａに対し賃料（借賃）を最近３年間支払っていないときはどうか？
（小問３）　小問１の場合、仮に農地法３条３項の適用を受けて許可を得たのではなく、通常の３条許可を得ていた場合はどうか？

解答

小問１について

(1)　農地法３条許可の種類

ア　賃貸人Ａと賃借人Ｂの間で、Ａ所有の農地をＢが賃借する契約が成立し、また、Ａ・Ｂは、農業委員会の３条許可を得ている。

一口に農地法３条許可処分といっても、これには、昔から存在した伝統的なタイプのものと、平成21年の農地法改正によって新設されたタイプのものがある。許可要件的に見た場合、３条許可処分には、二つの種類があるということである。

イ　前者の場合、許可要件として農地法３条１項および２項が適用される。また、この場合は、農地または採草放牧地（以下「**農地等**」という。）について、所有権を移転し、または地上権、永小作権、質権、使用貸借による権利、賃借権もしくはその他の使用収益権を設定・移転しようとする場合に、許可を受けることが義務付けられる。

例えば、農地の所有者Ａが、農業者Ｂに対し農地所有権を譲渡するため売買契約を行う場合がこれに当たる。この場合、Ｂが、３条許可を受けるためには、農地法３条２項の定める不許可要件の全部に該当しないことが必要である（３条２項の定めるいずれかの事由に一つでも該当すると、許可を受けることはできない。）。

ウ　これに対し、後者の場合は、許可要件として、農地法３条３項の適用を受け、その結果、同条２項のうち、２号および４号が適用されなくなる（つまり、許可を得るための要件が緩和されることになる。）。

また、後者の場合は、農地等に賃借権または使用貸借による権利を設定しようとする場合を許可の対象とする（これら以外の権利を取得するため許可申請することは認められない。）。

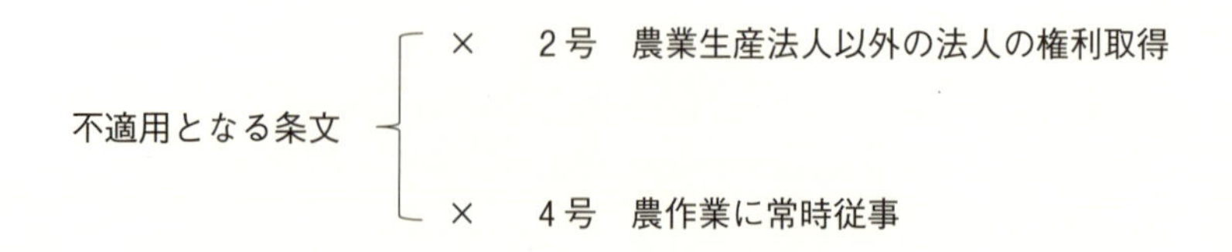

ここで、適用除外となる２号とは、農地所有適格法人（旧農業生産法人）

以外の法人は、農地等に対する権利を取得することができないとする規定である。後者の場合、この規定が適用されなくなることから、農地所有適格法人以外の法人であっても、農地法３条許可を受けて、農地等について賃借権または使用貸借による権利を取得することが認められる。

また、同じく適用除外となる４号とは、耕作等の事業に必要な農作業に常時従事する者でないと、農地等に対する権利取得を認めないとする規定である（**農作業常時従事者要件**）。**(注)**

後者の場合、これらの規定の適用はない。

(注)

処理基準第３・５(2)（常時従事とは、）「農作業に従事する日数が年間150日以上である場合」を指す。

エ　ただし、後者の場合、つまり農地法３条３項の適用を受けて３条許可を得ようとする場合は、同条３項各号において新たな許可要件が定められている。したがって、これらの事由を満たさないと、許可を受けることはできない（三つの要件を全て満たす必要がある。）。

第１に、権利を取得した者が、取得後に農地等を適正に利用していないと認められる場合に、賃貸借または使用貸借の解除をする旨の条件が書面による契約で付されていることである（法３条３項１号）。**(注)**

第２に、権利を取得しようとする者が、地域の農業における他の農業者との適切な役割分担の下に継続的かつ安定的に農業経営を行うと見込まれることである（同項２号）。

第３に、権利を取得しようとする者が法人である場合に限って、法人の業務執行役員のうち１人以上の者が、法人の行う耕作等の事業に常時従事すると認められることである（同項３号）。

(注)

農地法３条３項１号でいう「**解除する旨の条件**」とは、賃借人が賃借農地を適正に利用していない場合に、賃貸人が賃貸借契約を解除することができることを書面で明記するものである（**解除特約**）。このような契約について、「解除条件付貸借」と解説する書物を見ることがあるが、法的にはそのような命名は不適切というべきである。なぜなら、**解除条件**という用語は、それ自体が民法で規定された専門用語であって、そのような専門用語を使用するときは、民法上の正しい解釈を踏まえて使われる必要があるからである（民127条２項「解除条件付法律行為は、解除条件が成就した時からその効力を失う。」）。なぜこのような初歩的誤りが生じたのかといえば、おそらく、「解除」という言葉と、「条件」という言葉を安易に結び付けたために生じたのではないか、と推察される。

⑵　３条許可の取消し

ア　設例の農地賃貸借契約は、農地法３条３項の適用を受けたものであるから、当然農地法３条の２第２項の適用もある。同項は、農業委員会に対し、許可処分を取り消すことができる根拠を定めたものである（ただし、取消しを認める明文を置かなくても、処分に瑕疵が認められれば、許可の取消しを行うことは、一般的にできると解される。）。

イ　上記したとおり、設例のＡ・Ｂ間の賃貸借契約には、いうまでもないことであるが、賃借人Ｂが賃借目的農地を適正に利用していないと認められる場合に、賃貸人Ａは賃貸借契約の解除をすることができる、という条件が契約書に定められている（法３条３項１号）。

今回、賃借人のＢは、耕作を任意に止めた結果、農地に雑草が生い茂る状態つまり**耕作放棄地状態**を生じさせているのであるから、賃貸人のＡの側で賃貸借契約を解除することが可能な状況となっている。

賃貸人Ａ ――――→ 賃借人Ｂ

契約の解除

ウ　ところが、Ａは、賃貸借契約を解除しようとしない。民法の一般原則に従って考えると、たとえ賃貸借契約の当事者の一方が、契約違反に相当する行為（これを債務不履行という。）を行っても、他方当事者は、必ずしも契約を解除することを義務付けられるわけではない。

そのため、賃貸人Ａとしては、契約違反の状態を放置することも可能である。その結果、Ａに賃貸借契約を解除する意思がないときは、契約内容に反する好ましくない状態が事実上継続することおそれがある。

エ　そこで、そのような好ましくない状態を解消するための手段として、農地法３条の２第２項は、「農業委員会は、次の各号のいずれかに該当する場合には、前条第３項の規定によりした同条第１項の許可を取り消さなければならない。」と規定した。

(3)　処分の取消しと撤回の異同

ア　当該条文は、農業委員会に対し、許可の取消しを行うための根拠を与えた。そこで、当該条文の「取消し」の意味が問題となる。

一般に、行政処分の効力を失わせる方法として、**行政処分の取消し**と**行政処分の撤回**という二つの方法がある。

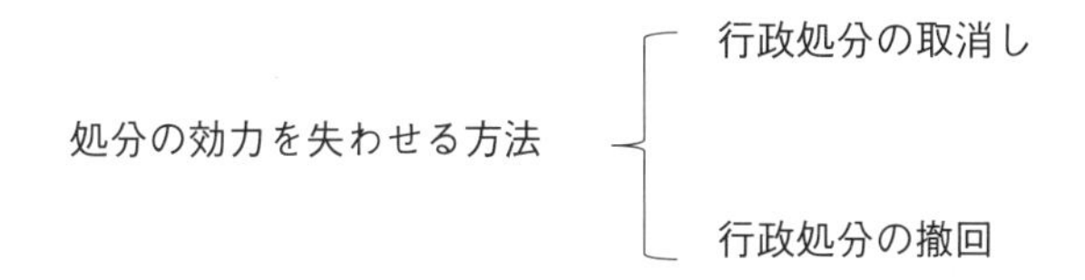

イ　ここで、前者と後者の違いについて述べる。

前者（**取消し**）は、行政処分が成立した時点で既に**瑕疵**（かし）が存在していたため、後日、その瑕疵があったことを理由として処分の効力を喪失させることをいう（設例８「許可処分の職権取消しの可否と取消訴訟の原告適格」小問１参照）。

取消権の根拠は、処分を根拠付ける条文と同じである。例えば、いったん行った農地法３条許可処分について、後日、その取消しを行う場合は、同条（法３条）が取消しを行うための根拠条文となる。

また、ここでいう「瑕疵」には、処分を違法とする事由と、処分を不当とする事由の双方が含まれると解される（塩野宏・行政法Ⅰ［第５版］170頁。なお、違法事由に限定する立場もある。芝池義一・行政法読本［第３版］120頁）。

さらに、取り消された処分は、取消しと同時に、成立時に遡って効力を失う。つまり、取消しには、遡及効が認められている（通説）。**（注）**

（注）

東京高判平16年９月７日（判時1905・68）

「一般に、行政処分は適法かつ妥当なものでなければならないから、いったんされた行政処分も、後にそれが違法又は不当なものであることが明らかになった場合には、法律による行政の原理又は法治主義の要請に基づき、行政行為の適法性や合目的性を回復するため、法律上特別の根拠なくして、処分をした行政庁が自ら職権によりこれを取り消すことができるというべきであるが、ただ、取り消されるべき行政処分の性質、相手方その他の利害関係人の既得の権利利益の保護、当該行政処分を基礎として形成された新たな法律関係の安定の要請などの見地から、条理上その取消しをすることが許されず、又は、制限される場合があるというべきである。そして、授益的な行政処分がされた場合において、後にそれが違法であることが明らかになったときは、行政処分の取消しにより処分の相手方が受ける不利益と処分に基づいて生じた効果を維持することの公益上の不利益を比較考量し、当該処分を放置することが公共の福祉の要請に照らして著しく不当であると認められるときには、処分をした行政庁がこれを職権で取り消し、遡及的に処分がされなかったのと同一の状態に復せしめることが許されると解するのが相当である。」

ウ　これに対し、後者（**撤回**）の場合は、行政処分の成立時には特段の瑕疵は認められないが、その後に新たに発生した事情（後発的事情）を根拠に、処分の効力を喪失させることをいう。撤回権の根拠として、明文で撤回権を根拠付ける条文が置かれていることもあるが、しかし、必ずしも撤回権を認める根拠条文がなくてもそれを行使し得ると解される。**(注)**

また、撤回の場合は、撤回処分が行われると、その時点から将来に向かって処分の効力が失われるにとどまり、遡及効を有しない。

(注)

最判昭63年６月17日（判時1289・39）

「(被上告人が）指定医師の指定をしたのちに、上告人が法秩序遵守等の面において指定医師としての適格性を欠くことが明らかとなり、上告人に対する指定を存続させることが公益に適合しない状態が生じたというべきところ、実子あっせん行為のもつ［中略］法的問題点、指定医師の指定の性質等に照らすと、指定医師の指定の撤回によって上告人の被る不利益を考慮しても、なおそれを撤回すべき公益上の必要性が高いと認められるから、法令上その撤回について直接明文の規定がなくとも、指定医師の指定の権限を付与されている被上告人医師会は、その権限において上告人に対する右指定を撤回することができる［中略]。」

(4)　農地法３条の２第２項の解釈

ア　以上を踏まえて考察すると、農地法３条の２第２項が定める「取消し」は、撤回の意味であることが分かる。なぜなら、３条許可処分時には、何らの瑕疵も存在しないからである。

そして、農業委員会において撤回権を行使するための要件は、条文上、賃貸人において解除権を行使することができたにもかかわらず解除権を行使しなかったこと、とされている。

このように、農地法には撤回権行使を根拠付ける条文が置かれていることから、いかなる場合に撤回権を行使できるか否かは、原則として、農地法３条の２第２項の解釈に委ねられるということができる（前掲塩野175頁は、「撤回権について個別法に定めがある場合には、現実の撤回権行使の要件は当該個別法令の解釈問題となる。」とする。）。

イ　ただし、以下に述べるとおり、賃貸人Ａが解除権を行使しないという事実さえ認められれば、農業委員会において、直ちに撤回権を行使することができると解することはできない。

一般的に、行政処分は、処分を受けた相手方に対しその権利利益を侵害する**侵害処分**と、反対に相手方に対し権利利益を与える**授益的処分**に分けることができる。農地法に基づく許可処分は授益的処分に当たる。

そして、侵害処分については、当の行政処分を行った行政庁（以下「**処分庁**」という。）において、後日、取消権または撤回権を行使するについて特に制限はない。

ウ　他方、授益的処分については、取消権または撤回権の行使に制限があると解される。なぜなら、仮に取消権または撤回権の行使を無制限に認めると、関係者の法的安定性が害され、また、処分の相手方の権利利益を不当に損ねる可能性があるからである。

例えば、農業委員会において、３条許可要件を欠いていることを失念したままいったん許可を出したが、後日、許可要件が欠けていることに気付き、それを理由に許可処分を自由に取り消すことができるとしたら、許可処分を受けた当事者に多大の不利益が発生する可能性がある。

エ　設例においては、賃借人Ｂによる、農地を適正に利用していないという事実が仮に認められたとしても、一方で、Ｂは賃借目的農地について正当な耕作権を有している。耕作権には、一定の財産的価値ないし利益があるといえる以上、農業委員会において、Ｂから賃借権者たる地位を一方的に剥奪することには慎重さが求められる。

オ　ただし、農地法３条の２第２項は、「第１項の許可を取り消さなければならない」と定めており（**必要的取消し・義務的取消し**）、農業委員会に対し、許可を取り消すか否かの判断に関する裁量権を原則的に与えていない（覊束行為）と解釈することもできる。この点は、今後の検討課題として、判例の集積を待つ必要がある（設例9「取消訴訟の諸問題（その1）」小問1参照）。**（注）**

（注）

処理基準第4⑵「違反を確認次第直ちに使用貸借による権利又は賃借権を設定した者に対し契約の解除を行う意思の確認を行い、契約の解除が行われない場合には、許可の取消しを行うものとする。この場合の手続については、行政手続法（平成5年法律第88号）第3章の規定により行う。」

⑸　処分の撤回

ア　上記のとおり、一般論としていえば、行政処分の撤回は、処分庁において何らの制約なく自由に行い得るものではなく、一定の限界があるとされている。行政処分の撤回を行い得る場合として、次のように整理する立場が有力である（前掲芝池129頁）。

第1に、義務違反に対する制裁として行われる場合である。例えば、運転免許を取得して自動車を運転している者に対し、道路交通法違反を理由に運転免許を取り消す場合がこれに当たる。

第2に、相手方に非難すべき点は特に認められないが、公益上の理由から撤回を行う場合である。

第3に、行政処分を適法に行うための事実（**要件事実**）が、処分後に消滅したような場合である。

イ　設例の場合、賃借人Bは、自分の健康問題を理由に耕作を止めている。この状態は、少なくとも、農地法3条2項1号（効率的利用要件）に抵触し、また、場合によっては、同項7号（地域における農地の効率的・総合的利用要件）および同法3条3項2号（継続的・安定的農業経営要件）に触れる可能性もあると考えられる。これらの状態は、上記の分類でいえば、主に要件事実を欠如した場合（第３の場合）に該当すると解される。

なお、風営法８条による営業許可取消しについて、必要的取消しではなく裁量的取消しであるとした判例がある。**(注)**

(注)

東京高判平11年３月31日（判時1689・51）

「風営法８条は、風俗営業者らが当該営業に関し法令等に違反した場合等に制裁措置としての行政処分の一つとして法26条１項により当該許可が取り消されるのとは異なり、風俗営業の許可がなされた後に、当該許可を行うべきでなかったことが事後になって判明したとき（１号、２号）、あるいは、事後に不許可の事由に該当する事情が生じるなど事情の変化により許可を存続させることが公共の利益に適合しないような事情に立ち至ったとき若しくは許可を受けた者が許可に基づく営業をせず許可を無意味ならしめているとき（２ないし４号）等の場合の一般的取消事由を定めているところ、特に後者の場合にはその取消しはいったん有効に成立した営業許可を将来に向かって廃止するもので講学上「撤回」に当たるものと解される。そして、そのような行政処分の撤回（法文上は「取消し」）がどのような場合に許されるか、またその撤回が必要的か裁量的かなどについては、それぞれの法令の規定、趣旨、目的に従って判断されるべきである。［中略］許可後の取消し（撤回）の場合には、当初の許可の是非の判断と異なり、当初の許可を前提として新たな法律秩序が次々と形成されているから、違反行為の性質、態様などに伴う取消し（撤回）による相手方への影響の程度も比較考量の上、取消し（撤回）の是非を判断するのが相当であると解される。」

ウ　設例の場合、上記したとおり、賃借人Ｂは、自分の健康問題を理由に耕作を放棄している。この場合、耕作放棄の理由の如何を問うことなく、行政処分を行うための要件事実が消滅したと判断して、処分の撤回を行い得るという考え方もあろう。

しかし、前記したとおり、賃借権は、それ自体が独立した一個の財産権であり、また、耕作放棄の理由も健康問題が原因となっており、Ｂの帰責性も必ずしも重大とはいえない。さらに、賃貸人Ａの意向も考慮する必要がある。したがって、処分の取消しの前に置かれる**聴聞**の機会において（行手13条１項）、賃貸借契約当事者の意見を十分に考慮する必要があると解する。農業委員会としては、賃貸人Ａが契約を解除しようとしないという点だけを根拠に、３条許可処分を撤回することが可能と解することは相当ではない。

小問２について

ア　設例は、農地の賃借人Ｂが、耕作はしているが、賃料（借賃）を賃貸人Ａに対し３年間支払っていない場合である。この場合、農業委員会は、３条許可処分を撤回することができない。賃料（借賃）の不払いは、撤回事由のいずれにも該当しないからである（法３条の２第２項）。

イ　ただし、賃貸人Ａとしては、賃借人Ｂの賃料（借賃）不払いを理由に賃貸借契約を解除することが可能である（法18条１項）。その場合、Ａは、契約解除に先立って都道府県知事等の許可（18条許可）を受けておく必要がある（設例２「賃貸借契約の解除と都道府県知事の許可」小問３参照）。

小問３について

ア　設例は、賃貸人Ａと賃借人Ｂの間で通常の３条許可を得たが、賃借人Ｂが耕作放棄を行っている場合である。

この場合、当事者Ａ・Ｂは、そもそも農地法３条３項の適用を受けて３条許可を取得したものではないから、農業委員会としては、同条３条の２第２項を根拠として、許可の撤回を行うことはできない。

イ　賃貸人Ａとしては、賃借人Ｂの耕作放棄を理由に賃貸借契約を解除することが可能である。なぜかといえば、民法594条１項は、「借主は、契約又はその目的物の性質によって定まった用法に従い、その物の使用および収益をしなければならない。」と定めているからである。これが、**用法義務**（**用法順守義務**）といわれるものである（設例２「賃貸借契約の解除と都道府県知事の許可」小問１参照）。

仮に、借主がこの義務に違反すると、用法違反（用法順守義務違反）となって、**債務不履行責任**を問われる。この条文は、賃貸借契約にも準用されているため（民616条）、賃借人も、使用貸借契約の借主と同様、用法義務（用法順守義務）を負う。設例では、賃借人Ｂは、耕作放棄を行っているため、同人に用法義務違反が認められる。

ウ　そして、賃貸人Ａは、あらかじめ相当の期間を置いて、Ｂに対し、耕作放棄を止め農地を耕作するよう求めることができる（これを「**催告**」という。）。仮にＢが、相当期間（催告期間）が経過しても耕作放棄を止めようとしないときは、Ａに契約の解除権が発生する（民541条）。**（注）**

ただし、農地の賃貸借契約の解除においては、前記したとおり、契約解除行為を行う前に、都道府県知事等の許可を得ておく必要がある。そのため、Ｂによる賃借農地の耕作放棄状態が生じたとしても、都道府県知事等の許可を得ることができない限り、Ａは、賃貸借契約を解除することはできない。

（注）

民541条「当事者の一方がその債務を履行しない場合において、相手方が相当の期間を定めてその履行の催告をし、その期間内に履行がないときは、相手方は、契約の解除をすることができる。」

設例８　許可処分の職権取消しの可否と取消訴訟の原告適格

設例８
（小問１）　賃貸人Ａと賃借人Ｂは、農業経営基盤強化促進法の定める利用権設定等促進事業によって、期間５年の賃借権を設定し、Ｂは耕作を開始した。それから１年後に、ＡとＣは、上記賃貸借の目的農地をＣに対して譲渡する契約を締結し、農業委員会に対し農地法３条許可申請を行った。ところが、農業委員会は、Ｂについて賃借権が設定されていることを失念したまま、３条許可処分を行った。Ｂは、その１か月後に、同処分が行われたことを知り、農業委員会に対して同処分の取消しを求めた。農業委員会は当該処分を取り消すことができるか？
（小問２）　農業委員会が同処分の取消しを行わない場合、Ｂは、処分の取消しを求めて裁判所に出訴することができるか？

解答

小問１について

(1)　利用権設定等促進事業

ア　賃借人Ｂは、農業経営基盤強化促進法（以下「基盤強化法」という。）の定める利用権設定等促進事業によって、賃貸人Ａ所有農地について賃借権の設定を受けた。

賃貸人Ａ ──────────→ 賃借人Ｂ

利用権設定等促進事業

イ　利用権設定等促進事業とは、基盤強化法４条４項１号に定められたものであって、同法のいう**農用地**（農地または採草放牧地を指す。）について利用権を設定するものである。

ここでいう「**利用権**」とは、農業上の利用を目的とする賃借権、使用貸借による権利または農業の経営委託を受けることにより取得される使用収益権を指す（基盤強化４条４項）。

これらのうち、経営委託による使用収益権の設定の場合、農業経営権および農業生産物の処分権は受託者にあるが、損益の結果は委託者に帰属することになると解される。

これに対し、賃借権および使用貸借による権利を設定した場合は、農業経営権がこれらの権利の設定を受けた者にあることは当然であるが、損益の結果も同人らに帰属することになる。

ウ　Ｂが、Ａから賃借権の設定を受けるためには、市町村が作成する**農用地利用集積計画**に、権利内容の詳細を記載してもらう必要がある。具体的には、利用権の設定を受ける者の氏名、住所等および利用権の設定を受ける土地の所在、地番、地目および面積等がこれに当たる（基盤強化18条２項）。

そして、農用地利用集積計画を定めた市町村が、それを**公告**することによって利用権設定の法的効果が生じる（基盤強化20条）。つまり、Ａ・Ｂ間において、Ａ所有農地をＢが賃借するという賃貸借契約関係が発生する。したがって、公告は、行政処分の性格を有すると解される。なお、この場合、Ａ・Ｂ双方は、別途、農地法３条許可を受ける必要はないとされている（法３条１項ただし書）。

⑵　Ａ・Ｃ間で行われた農地の所有権移転の効力

ア　上記のように、Ａ所有農地をＢが賃借する関係が成立している農地について、Ｃが、これをＡから譲り受ける契約（売買契約）を締結し、農業委員会は３条許可処分を行った。

そこでこのような場合に、果たして、農業委員会は３条許可処分を行うことができるか、という問題を生ずる。

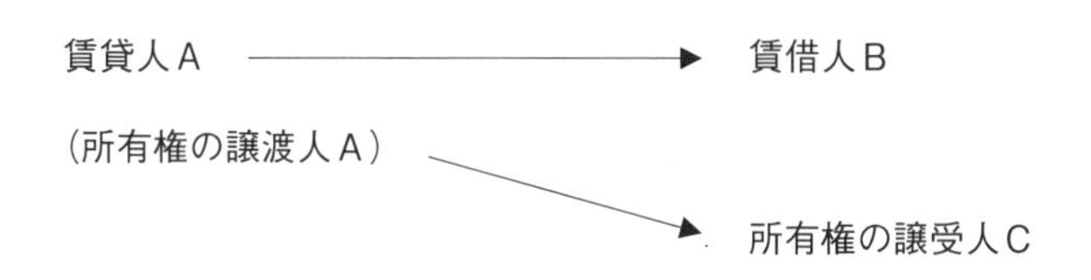

イ　農業委員会が、適法に３条許可処分を行うためには、農地法３条２項の許可要件を全て満たす必要がある（より正確にいえば、２項の定める全ての不許可要件に該当しないことが必要である。）。設例の場合、農地法３条２項１号が問題となる。

同号によれば、農地の所有権等の権利を取得しようとしても、「その取得後において耕作又は養畜の事業に供すべき農地及び採草放牧地の全てを効率的に利用して耕作又は養畜の事業を行うと認められない場合」には、３条許可を受けることができないとされている。

ウ　設例においては、売買目的農地について、既にＢという賃借権者が存在するのであるから、仮にＣが当該農地の所有権を取得することができたとしても、その後、当該農地を効率的に利用して**耕作等の事業**（農業経営という意味である。）を行うことは困難といえる。

すると、およそＢのような耕作権者が存在する農地については、他人Ｃは、一切権利を取得することができないのか、という問題を生ずる。

この点について、農地法施行令６条１項１号は、Ｂの賃借権の存続期間が満了して、Ｃが自ら耕作等の事業を行うことが可能となった場合に、同人が当該農地を効率的に利用して耕作等の事業を行うことができると認められること、を許可要件としている。

エ　そうすると、Ｂの賃借権の存続期間が満了する時期に関する何らかの基準が必要となるが、国の処理基準は、許可権者である農業委員会は、Ｂに対し耕作等の事業を継続する意思があるか否かを確認するものとしている。また、Ｃが自ら耕作等の事業を開始する時期が、許可申請の時点から１年以上先である場合は、所有権の取得を認めないのが適当であるとの見解も示す（処理基準・第３・３(4)）。

オ　仮に、国の示す上記基準を妥当なものと考えた場合、Ｂが現に耕作する農地について、Ａ・Ｃ間の農地所有権移転のための許可申請が農業委員会に対して行われた場合に、農業委員会としては、賃借権者であるＢに対し、耕作等の事業を今後も継続する意思があるか否かの点を確認する必要があった。

しかし、農業委員会は、Ｂの意思を確認することを怠って漫然と３条許可処分を行ったのであるから、当該処分は、農地法に反する違法な処分に当たることになる。

カ　ここで、Ａ・Ｃ間の農地所有権移転行為に対する３条許可処分が、仮に農地法に反するものであったとしても、いったん許可処分が行われた以上、当該許可処分は、原則的に有効と考えられていることに注意する必要がある。

これが行政処分の**公定力**といわれるものである。公定力とは、たとえ違法な処分であっても、当該処分を取り消す権限を有する機関がその処分を正式に取り消さない限り、当該処分は有効とされる、ということを指す。換言すると、全ての者が、いったん行われた行政処分に拘束されるということである（藤田宙靖・行政法総論220頁）。

キ　この公定力の根拠として、一般的には、行政事件訴訟法が処分の**取消訴訟**という訴訟類型を認めていることが、しばしばあげられる（行訴３条２項・８条）。その意味は、二つあると解される。

第１に、処分を受けた者が、当該処分が違法であることを理由に、裁判所に対して処分の取消しを求める場合、必ず行政事件訴訟法の定める**取消訴訟**という制度を使う必要があるということである（例えば、民事訴訟手続の中で行政処分の違法を主張して、裁判所に対しその取消しを求めるようなことは認められない。）。これを**取消訴訟の排他的管轄**と呼ぶ。

第２に、取消訴訟は、対象となる処分が行われてから、一定の期間内に起こす必要がある。これを**出訴期間**という。原則として、処分があったことを知った日から６か月以内に裁判所に対し出訴する必要がある（行訴14条１項・２項）。**（注）**

出訴期間が定められているのは、処分の効力を早期に安定させることによって、関係者の権利関係またはその法的地位が不当に損なわれないようにするためである（行政法上の権利関係が長期間にわたって不安定な状態に置かれることは、一般的にみて好ましいことではない。）。

（注）

行訴14条１項「取消訴訟は、処分又は裁決があったことを知った日から６箇月を経過したときは、提起することができない。ただし、正当な理由があるときは、この限りでない。」

同条２項「取消訴訟は、処分又は裁決の日から１年を経過したときは、提起することができない。ただし、正当な理由があるときは、この限りでない。」

ク　仮に、行政事件訴訟法が定める出訴期間を経過したときは、たとえ当該処分が違法なものであったとしても、処分の相手方（および処分の取消しを求める法律上の利益を有する者。すなわち、**原告適格**が認められる者を指す。行訴９条）は、裁判所に対して当該処分の取消しを求めることができなくなる。つまり、当該処分は、それ以降は有効であり続ける。

設例でいえば、Ａ・Ｃ間の売買契約に基づく農地所有権移転行為は、農業委員会が３条許可処分を出している以上、有効であり、当該農地の所有権は、ＡからＢに移転している。

(3)　行政機関に対する不服申立て

ア　さて、司法機関である裁判所が行政処分を取り消す場合のほか、行政機関が行政処分を取り消すという方法が別にある。

第１に、行政不服審査法による**行政不服申立て**の場合がある。行政不服審査法は、平成26年にその内容が全面的に改正された。その結果、不服申立ての種類は、**審査請求**に一元化されるに至った（旧法下では、異議申立て、審査請求および再審査請求の三つの種類があった。）。

不服申立ての事由は、当該処分が違法または不当とされる場合である（行審１条１項）。取消訴訟の場合は、処分の違法性を理由としてのみ提起することが認められるが、行政不服申立ての場合は、処分が違法な場合はもとより、不当な場合であっても申立てをすることが認められる。

ただし、行政不服審査法に基づく不服申立てが可能な期間には制限があって、その期間を経過すると、もはや不服申立てはできなくなる。不服申立期間は、原則として、処分があったことを知った日の翌日から起算して３か月である（行審18条１項）。すなわち、不服申立てが可能な期間は、取消訴訟の出訴期間よりも短く定められている。**(注)**

そのため、行政事件訴訟の出訴期間が経過した時点においては、原則的に行政不服申立てもできない状態にある、ということができる。

(注)

行審18条１項「処分についての審査請求は、処分があったことを知った日の翌日から起算して３月（当該処分について再調査の請求をしたときは、当該再調査の請求についての決定があったことを知った日の翌日から起算して１月）を経過したときは、することができない。ただし、正当な理由があるときは、この限りでない。」

同条２項「処分についての審査請求は、処分（当該処分について再調査の請求をしたときは、当該再調査の請求についての決定）があった日の翌日から起算して１年を経過したときは、することができない。ただし、正当な理由があるときは、この限りでない。」

イ　第２に、法律に基づく正式な不服申立制度ではないが、当該行政処分を行った行政庁（これを**処分庁**という。）が、自ら処分を取り消すことがある。この場合は、処分を受けた相手方などから、しばしば事実行為としての苦情申出などがあり、これを契機として、処分庁が申出内容を検討するなどした上で、自発的に処分の取消しを行うものである。これを**職権取消し**という（設例７「許可処分の取消しと撤回の異同」小問１参照）。

ウ　職権取消しは、行政処分の相手方（または処分の取消しを求める法的な利益を有する者）からの法的な正式の請求をまたずに、処分庁の側で自発的に、行政処分の違法または不当を理由に、これを取り消すことをいう（前掲藤田231頁）。**（注）**

（注）

職権取消しの根拠として、**法律による行政の原則**という理由がしばしばあげられる。この原則によれば、行政処分が法律に違反して行われた場合、そのような処分は違法なものであって本来は行われてはいけなかったものであるから、処分庁は、その違法な処分を取り消す義務がある、という結論となる。しかし、処分が違法ではないが不当（処分をそのままにしておくことは公益上好ましくないという場合を指す。）な場合にも、なお職権取消しを認めるという立場をとった場合、法律による行政の原則という根拠だけでは不十分であると解される。処分が不当な場合にも取消しを可能とする根拠は、やはり行政機関が持つ広い意味の公益実現機能に求めるほかないと考える。

エ　以上のように、処分の取消制度は、次のようにまとめることができる。

取消しの主体	法律上の制度である。	法律上の制度でない。
行政機関	行政不服申立て（違法または不当な処分）	職権取消し（違法または不当な処分）
司法機関（裁判所）	行政訴訟（違法な処分）	－

(4)　職権取消しの可否

ア　設例の賃借人Ｂは、農業委員会に対し、Ａ・Ｃ間の所有権移転行為を許可した３条の行政処分の取消しを求めている。そこで、果たして農業委員会は、当該処分を取り消すことができるか否かが問題となる。

ここで、一般論としていえば、たとえ違法な行政処分であっても、これを取り消すことによって関係者の利益を著しく損なうような場合には、処分庁は自由に職権取消しをすることができず、このような場合にあえて取消しをすれば、その取消し自体が違法となる、とされていることに留意する必要がある（前掲藤田242頁。設例７「許可処分の取消しと撤回の異同」小問１参照）。**(注)**

(注)

最判昭33年９月９日（民集12・13・1949）

「原審の確定するところによれば、被上告人秋田県知事は昭和23年１月訴外Ｄ所有の本件土地につき買収令書を発したが、その後約３年４箇月を経過した昭和26年５月21日右買収令書を全部取り消した。取消の理由は、買収目的地のうちに宅地約200坪（全買収地の10分の１にも足りない面積)、が含まれているのに、これを一括して農地として買収したことは違法であるというにあり、なお、上告人は、買収地のうち農地部分につき売渡を受くべき地位にあった、というのである。以上の事実関係の下では、特段の事情のない限り買収農地の売渡を受くべき上告人の利益を犠牲に供してもなおかつ買収令書の全部（農地に関する部分を含む。）を取り消さなければならない公益上の必要があるとは解されないから、右特段の事情がない限り、本件取消処分は、違法の瑕疵を帯びるものと解すべきである。」

イ　設例の場合、Ａ・Ｃ間の所有権譲渡行為を認めた３条許可処分が取り消されることによって利益を損なわれる者とは、売主Ａと買主Ｃの二人である。３条許可処分は、法律行為（契約）の効力を補充する効果を持つから、Ａ・Ｃ双方は、農業委員会の３条許可を受けることによって、従来はＡの下にあった所有権が、Ｃに有効に移転することになる（設例６「３条許可申請と行政指導」小問４参照）。

ところが、農業委員会が、農地法違反を理由に３条許可処分を取り消せば、許可処分の効力は、許可時点に遡及して失われることになる。

その結果、Ｃは、農地の所有権を喪失するに至るが、自分がＡに支払った売買代金については、同人に対し不当利得を理由に返すよう請求することができる。この場合、仮に、所有権移転登記が済まされていたとしても、錯誤を理由に元通りに戻す必要があると解される（抹消登記）。

ウ　このように、農業委員会が３条許可処分を取り消すことができるとすれば、Ａ・Ｃは、上記のような不利益を受けることになる。

しかし、売買契約の当事者である二人のうち、売主のＡは、もともと売買対象農地がＢの賃借権の目的となっていることを知っていたのであるから、その点に重大な帰責性が認められる。

また、買主のＣについても、仮に農業委員会が所有権譲渡行為に関する３条許可を取り消さなかったとしても、当該農地には、既に正当な耕作権原を有する賃借人Ｂが存在する以上、当該農地をＣ自身が耕作することはできない。したがって、３条許可処分の取消しによって、Ｃが著しい不利益を被るという結果は生じない。それに加え、Ａ・Ｃに対する３条許可処分は、法律による行政の原則に反する違法なものであって、本来、行われるべきではなかった。

以上のことから、農業委員会は、職権を発動して、Ａ・Ｃ間の所有権譲渡行為について行った３条許可処分を取り消す必要があると解する（ただし、行手法13条に従い、あらかじめ意見陳述のための手続をとる必要がある。）。

小問２について

(1)　訴訟要件

ア　賃借人Ｂが、農業委員会の行った３条許可処分の取消しを求めて出訴しようとする場合、その前提として**訴訟要件**を全て満たす必要がある（訴訟要件を欠いたまま出訴しても、裁判所によって却下判決が下されることになる。）。

イ　訴訟要件として掲げられるものとは、通常、次のとおりである。

①　取消訴訟の対象が行政処分であること（行訴３条２項）。

②　原告であるＢに原告適格が認められること（同９条）。

③　訴えの利益があること（同条）。

④　出訴先の裁判所が管轄権を有すること（同12条）。原則として、地方裁判所のいわゆる本庁が管轄権を有する。

⑤　被告適格があること。被告は、農業委員会を設置している市町村である（同11条１項。農業委員会ではない。）。

⑥　出訴期間内に出訴すること（同14条１項。原則として、処分または裁決があったことを知った日から６か月以内に出訴する必要がある。）。

⑦　処分の根拠となった法律が、審査請求前置主義をとっている場合には、出訴の前に審査請求の手続を済ませていること（同８条１項ただし書）。

ウ　設例で主に問題となるのは、果たして、Ｂに原告適格が認められるか否かという点であろう。Ｂは、所有権譲渡行為について処分を直接受けた当事者ではなく、第三者にすぎないと考えられるからである。

この点について、行政事件訴訟法は、その９条に**原告適格**に関する定めを置いている。まず、同条１項は、処分（または裁決）を受けた当事者に関する規定である。行訴法９条１項の原告適格つまり、処分の取り消しを求めるにつき「法律上の利益を有する者」の意味について、最高裁は、従来からいわゆる**法律上保護された利益説**をとることを明らかにしている。**(注１)**

次に、同条２項は、処分（または裁決）を受けた当事者以外の第三者に関する規定である。現行の行政事件訴訟法は、処分を受けた当事者以外の第三者についても、原告適格を認める余地を残している。**(注２)**

(注１)

最判平26年７月29日（判時2246・10）

「『法律上の利益を有する者』とは、当該処分により自己の権利若しくは法律上保護された利益を侵害され、又は必然的に侵害されるおそれのある者をいうのであり、当該処分を定めた行政法規が、不特定多数者の具体的利益を専ら一般的公益の中に吸収解消させるにとどめず、それが帰属する個々人の個別的利益としてもこれを保護すべきものとする趣旨を含むと解される場合には、このような利益もここにいう法律上保護された利益に当たり、当該処分によりこれを侵害され又は必然的に侵害されるおそれのある者は、当該処分の取消訴訟における原告適格を有するものというべきである。」

(注２)

行訴９条１項「処分の取消しの訴え及び裁決の取消しの訴え（以下「取消訴訟」という。）は、当該処分又は裁決の取消しを求めるにつき法律上の利益を有する者（処分又は裁決の効果が期間の経過その他の理由によりなくなった後においてもなお処分又は裁決の取消しによって回復すべき法律上の利益を有する者を含む。）に限り、提起することができる。」

同条２項「裁判所は、処分又は裁決の相手方以外の者について前項に規定する法律上の利益の有無を判断するに当たっては、当該処分又は裁決の根拠となる法令の規定の文言のみによることなく、当該法令の趣旨及び目的並びに当該処分において考慮されるべき利益の内容及び性質を考慮するものとする。この場合において、当該法令の趣旨及び目的を考慮するに当たっては、当該法令と目的を共通にする関係法令があるときはその趣旨及び目的をも参酌するものとし、当該利益の内容及び性質を考慮するに当たっては、当該処分又は裁決がその根拠となる法令に違反してされた場合に害されることとなる利益の内容及び性質並びにこれが害される態様及び程度をも勘案するものとする。」

⑵　第三者Ｂの原告適格

ア　Ｂは、３条許可の対象となった農地の賃借人である。そして、Ａ・Ｃに対する許可処分の根拠法である農地法は、耕作者の地位の安定を図ることを農地法の目的の一つであるとする（法１条）。したがって、Ｂは、Ａ・Ｃ間の農地所有権譲渡行為によって、耕作者としての正当な利益が不当に損なわれないことを求める利益を有するというべきである。

農地法は、賃借人Ｂについて、そのような耕作者としての利益を保護する趣旨を含むと解されることから、Ｂは、Ａ・Ｃに対して出された３条許可処分の取消しを求める法律上の利益がある、と解される。つまり、Ｂについて、同許可処分の取消しを求める原告適格を肯定することができる。

イ　なお、農地法５条許可処分を受けた者（転用事業者）の近隣に居住する者が、当該処分の取消しを求めた事件で、名古屋地裁は、一般論として、転用事業によって土砂の流出・崩落その他の災害による被害が直接に及ぶことが想定される周辺の一定範囲に農地を所有または耕作する者について原告適格を認めた（ただし、当該原告については、転用農地

の周辺に農地を所有・耕作する事実はないとして、原告適格が否定された。）。（注）

（注）

名古屋地判平25年7月18日（最高裁ホームページ）

「5条2項4号は、農地の転用によって土砂の流出又は崩壊その他の災害の発生や、農業用用排水施設の機能上の障害等の被害が直接的に及ぶことが想定される周辺の一定範囲の農地を所有、耕作する者の農業経営上の利益を個々人の個別的利益としても保護する趣旨を含むものと解すべきである。そうすると、農地の転用によって土砂の流出又は崩壊その他の災害の発生や、農業用用排水施設の機能上の障害等の被害が直接的に及ぶことが想定される周辺の一定範囲の農地を所有、耕作する者は、農地転用許可の取消しを求めるにつき法律上の利益を有する者として、その取消訴訟における原告適格を有するというべきである。」

ウ　Bが、農地法に基づく処分の取消しを求めて裁判所に出訴しようとした場合、これまでは旧農地法54条によって**審査請求前置主義**が定められていたため、いきなり裁判所に出訴することは認められていなかった（原則として、不服申立てを経る必要があった。）。

しかし、平成26年6月13日に公布された行政不服審査法の施行に伴う関係法律の整備に関する法律によって、旧農地法54条は削除され、現在では、審査請求前置主義は廃止されるに至った（ただし、法律の施行日は、公布日から起算して2年を超えない範囲内で政令によって定める日とされた。）。

以上のことから、農地の賃借人Bは、A・C間で行われた農地所有権譲渡行為を許可した農業委員会の3条許可処分の取消しを求めて地方裁判所に出訴することができると解される。

設例９　取消訴訟の諸問題（その１）

設例９
（小問１）　農地の所有者Ａは、農業者Ｂとの間で農地の売買契約を締結し、連署の上で農業委員会に対し３条許可申請をした。ところが、農業委員会は、地域の多数派住民がＢの権利取得に反対する署名を提出したことを主な根拠として、農地法３条２項７号に該当するとの理由で不許可処分を行った。当該処分の違法性の有無について、裁判所はどのように司法審査をすることになるか？
（小問２）　前問の農業委員会のこのような取扱いは、正当なものといえるか？

解答

小問１について

⑴　羈束行為（きそくこうい）と裁量行為

ア　農地の所有者Ａは、農業者Ｂとの間で農地売買契約を締結し、農業委員会に対し、３条許可申請をした。

農地所有者Ａ ――――→ 農業者Ｂ

農地の売買契約

Ａ・Ｂから３条許可申請を受けた農業委員会としては、当該申請に対し、許否の判断を示す必要がある。この場合、農地法3条2項は、「前項の許可は、次の各号のいずれかに該当する場合には、することができない。」としている。そのため、農業委員会は、当該許可申請が、同条2項各号のいずれかに該当すると判断した場合は、許可をすることができない。

イ　ここで、上記許可基準（根拠法）の法的性格をどう理解すべきか、という問題が生じる。

従来から行政行為には、**羈束行為**（きそくこうい）と**裁量行為**（さいりょうこうい）があり、前者は行政行為の発動要件および効果が一義的に法令によって定められているものを指し、また、後者は法令が行政庁に対し、処分を行うか否か、仮に行うときはどのような内容の処分をいつ行うかなどについて判断の余地を与えているものをいうとされてきた（田中二郎・新版行政法上巻［全訂第2版］116頁）。

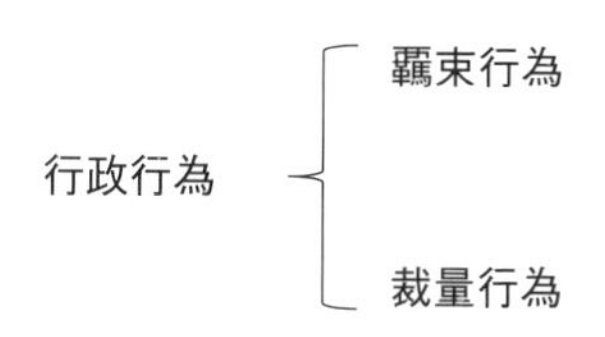

ウ　例えば、農地法3条2項2号は、「農地所有適格法人以外の法人が前号に掲げる権利を取得しようとする場合」を定めているが、この条文からは、農地所有適格法人（旧農業生産法人）以外の法人が所有権等の権利を取得しようとしても、その許可は受けられないことは明らかであって、条文の文言は、一義的（客観的に判断可能）なものであるといえる（もっとも、条文上、政令で定める相当の事由がある場合は別であって、農地所有適格法人以外の法人であっても、例外的に3条許可を受けることができる場合がある。例えば、中日本高速道路株式会社が、農地を取得してその事業に必要な樹苗の育成の用に供する場合がこれに当たる。）。

この場合、農業委員会が、農地法の例外規定がないにもかかわらず、その裁量権を行使して農地所有適格法人以外の法人に対し、3条許可を与えることは許されない。なぜなら、処分の要件および効果が、法律によって羈束されていると考えられるからである（**羈束行為**）。

エ　これに対し、同項7号の場合は、「第1号に掲げる権利を取得しようとする者又はその世帯員等がその取得後において行う耕作又は養畜の事業の内容並びにその農地又は採草放牧地の位置および規模からみて、農地の集団化、農作業の効率化その他周辺の地域における農地又は採草放牧地の農業上の効率的かつ総合的な利用の確保に支障を生ずるおそれがあると認められる場合」と定めている。

この条文は、一言で表せば、問題となっている3条許可申請の内容（事業内容、農地の所在地および事業規模）が、周辺の地域における農地等の農業上の効率的・総合的利用の確保に支障を生ずるおそれがあると判断されるときは、許可できないとしたものである。

この場合、農業委員会において、上記要件（不許可要件）を満たしているか否かを判断することになるが、この点の判断は、客観的・一義的に行うことが困難である。

なぜなら、この場合は**不確定概念**を用いて要件が定められているといえるからである。そのため、この場合の判断は、行政庁である農業委員会が、その専門技術的知識に基づき、行政裁量権を適切に行使して行うほかないと解される。

オ　このように、先に触れたが、ある許可申請について、その申請内容が法律の定める許可要件を満たしているか否かの点について、判断の余地が行政庁に付与されている場合に、行政庁には**行政裁量**（**行政裁量権**）があるという。そして、行政裁量権を行使して行った行政処分を、通常は、**裁量行為**と呼ぶ。

(2)　行政裁量権の有無の判断

ア　上記のとおり、農地法3条許可処分の場合、許可要件（不許可要件）の中には、二つの種類があって、羈束行為と見るべき場合と裁量行為と考えるべき場合があるということができる。

イ　ここで、一般論として、行政裁量権が与えられていると考えられる行政処分には、次のような特徴があるとされる（中原茂樹・基本行政法［第2版］130頁）。

第1に、国民の権利・自由を制限する行政処分（**侵害処分**）については、人権保障の見地から、行政庁に裁量権を与えることについては制限的にならざるを得ない（設例7「許可処分の取消しと撤回の異同」小問1参照）。

これに対し、国民に対し、権利・利益を与える行政処分（**授益処分**）については、比較的広い裁量権が認められる。

第2に、法律が、処分の要件と効果を定める場合に、不確定概念を用いている場合や、「何何の場合、何何できる」と定めているような場合にも、行政裁量権が認められると判断されることが多い。この場合、法律が行政庁に対し、専門技術的または政治的見地からくる裁量権を与えているために、結果として、法律の文言がそのようなものとされたということである。

(3)　行政裁量の司法審査

ア　上記のとおり、羈束行為は、法令が行政庁に対し、行政行為の発動要件および効果を一義的に定めているのであるから、行政処分が法定の要件を満たしているか否かの判断を、法律解釈の権限を有する裁判所が行い得ることは当然である。

これに対し、裁量行為は、法令が行政庁に対し、原則的に行政処分の発動要件および発動効果について、その判断の余地を与えているのであるから、行政庁の判断権はそれなりに尊重される必要がある。したがって、裁量行為については、直ちに裁判所の無限定な司法審査権が及ぶと解することはできない。

イ　この点について、行訴法30条は、「行政庁の裁量処分については、裁量権の範囲をこえ又はその濫用があった場合に限り、裁判所は、その処分を取り消すことができる。」と定めている。

これは、文字どおり、行政庁が裁量処分を行うに当たって、裁量権を逸脱し、または濫用した場合に、当該処分は違法となることを示したものである。

ウ　設例の場合、農業委員会は、農地法３条２項７号を根拠としてＡ・Ｂの３条許可申請を不許可とした。

同号の要件は、不許可要件が不確定概念によって定められており、また、同条の許可処分は、申請者に対して利益を与える授益処分であると考えられることから、上記不許可処分は、行政裁量権に基づいて行われた裁量処分であると解される。

そのことから、行政庁である農業委員会の行った不許可処分については、仮に裁量権の逸脱または濫用の事実が認められれば、当該処分は違法なものとされ、裁判所の判決で取り消されることになる。

裁量処分の違法取消し
- **裁量権の逸脱**
- **裁量権の濫用**

エ　上記行訴法の条文の定めを受けて、では、いかなる場合に行政庁の裁量処分が裁判所によって違法と判断されるのか、という理論的な問題を生ずるが、この点については、未だ通説的なものは確立されておらず、また、本書で深入りして検討することが必ずしも有益であるとも思われない。

そこで、裁判所が、裁量処分について違法か否かの判断を下そうとする場合に、しばしば用いられる古典的手法を以下のとおり示す。（塩野宏・行政法Ⅰ［第5版］133頁）。これによれば、次の場合は、違法とされる。

①　**事実誤認**　行政処分は、正しい事実関係を基に行われる必要があるから、事実を誤認して行われた処分は違法となる。**（注1）**

②　**目的違反・動機違反**　行政処分は、法律の趣旨・目的に従って行われる必要があるから、これに反した処分は違法となる。**（注2）**

③　**平等原則違反**　行政処分を行うに当たり、特定の者に対し合理的理由のない差別をすることを禁止するものである。**（注3）**

④　**比例原則違反**　行政目的を達成するためであっても、必要最小限度を超えた過大な不利益を相手方に課してはいけないとするものである。**（注4）**

（注1）

最判平18年11月2日（民集60・9・3249）

「裁判所が都市施設に関する都市計画の決定又は変更の内容の適否を審査するに当たっては、当該決定又は変更が裁量権の行使としてされたことを前提として、その基礎とされた重要な事実に誤認があること等により重要な事実の基礎を欠くこととなる場合、又は、事実に対する評価が明らかに合理性を欠くこと、判断の過程において考慮すべき事情を考慮しないこと等によりその内容が社会通念に照らし著しく妥当性を欠くものと認められる場合に限り、裁量権の範囲を逸脱し又はこれを濫用したものとして違法となるとすべきものと解するのが相当である。」

（注2）

最判昭53年6月16日（刑集32・4・605）

「本来、児童遊園は、児童に健全な遊びを与えてその健康を増進し、情操をゆたかにすることを目的とする施設（児童福祉法40条参照）なのであるから、児童遊園設置の認可申請、同認可処分もその趣旨に沿ってなされるべきものであって、前記のような、被告会社のトルコぶろ営業の規制を主たる動機、目的とするａ町のｂ児童遊園設置の認可申請を容れた本件認可処分は、行政権の濫用に相当する違法性があり、被告会社のトルコぶろ営業に対しこれを規制しうる効力を有しないといわざるをえない［中略］。」

（注３）

最判昭30年６月24日（民集９・７・930）

「供出割当の方法［中略］として、いわゆる事前割当の方法（生産開始前に予め部落内の生産者相互の協議を経て割当額を決定通知する方法）によるべきかどうか、また割当通知の時期を何時とすべきか等については、何等具体的な定めがなかったことは明らかである。従って、これらの点についてどのような措置をとるかは、一応、行政庁の裁量に任されていたものと解さざるを得ない。もっとも、かような場合においても、行政庁は、何等いわれがなく特定の個人を差別的に取り扱いこれに不利益を及ぼす自由を有するものではなく、この意味においては、行政庁の裁量権には一定の限界があるものと解すべきである。」

（注４）

最判昭52年12月20日（民集31・７・1101）

「公務員につき、国公法に定められた懲戒事由がある場合に、懲戒処分を行うかどうか、懲戒処分を行うときにいかなる処分を選ぶかは、懲戒権者の裁量に任されているものと解すべきである。もとより、右の裁量は、恣意にわたることを得ないものであることは当然であるが、懲戒権者が右の裁量権の行使としてした懲戒処分は、それが社会観念上著しく妥当を欠いて裁量権を付与した目的を逸脱し、これを濫用したと認められる場合でない限り、その裁量権の範囲内にあるものとして、違法とならないものというべきである。」

オ　上記の古典的手法のほかに、近時では**手続的審査**というものがある。これは、行政行為の手続について、公正なものであったか否かを審

査しようとするものである（前掲塩野134頁）。**（注１）**

また、**判断過程審査**というものもある。これは、行政行為に至る行政庁の判断過程が合理的なものであったか否かを審査することによって、処分の違法性の有無を判定しようとするものである。**（注２）**

さらに、**裁量基準参考審査**（行政庁の定めた裁量基準を参考にして、処分の違法性を審査するという考え方）というものもある（芝池義一・行政法読本［第３版］79頁）。**（注３）**

（注１）

最判昭46年10月28日（民集25・７・1037）

「おもうに、道路運送法においては、個人タクシー事業の免許申請の許否を決する手続について、同法122条の２の聴聞の規定のほか、とくに、審査、判定の手続、方法等に関する明文規定は存しない。しかし、同法による個人タクシー事業の免許の許否は個人の職業選択の自由にかかわりを有するものであり、このことと同法６条および前記122条の２の規定等とを併せ考えれば、本件におけるように、多数の者のうちから少数特定の者を、具体的個別的事実関係に基づき選択して免許の許否を決しようとする行政庁としては、事実の認定につき行政庁の独断を疑うことが客観的にもっともと認められるような不公正な手続をとってはならないものと解せられる。すなわち、右６条は抽象的な免許基準を定めているにすぎないのであるから、内部的にせよ、さらに、その趣旨を具体化した審査基準を設定し、これを公正かつ合理的に適用すべく、とくに、右基準の内容が微妙、高度の認定を要するようなものである等の場合には、右基準を適用するうえで必要とされる事項について、申請人に対し、その主張と証拠の提出の機会を与えなければならないというべきである。免許の申請人はこのような公正な手続によって免許の許否につき判定を受くべき法的利益を有するものと解すべく、これに反する審査手続によって免許の申請の却下処分がされたときは、右利益を侵害するものとして、右処分の違法事由となるものというべきである。」

（注２）

最判平８年３月８日（民集50・３・469）

「高等専門学校の校長が学生に対し原級留置処分又は退学処分を行うかどうかの判断は、校長の合理的な教育的裁量にゆだねられるべきものであり、裁判所がその処分の適否を審査するに当たっては、校長と同一の立場に立って当該処分をすべきであったかどうか等について判断し、その結果と当該処分とを比較してその適否、軽重等を論ずべきものではなく、校長の裁量権の行使としての処分が、全く事実の基礎を欠くか又は社会観念上著しく妥当を欠き、裁量権の範囲を超え又は裁量権を濫用してされたと認められる場合に限り、違法であると判断すべきものである［中略］。信仰上の理由による剣道実技の履修拒否を、正当な理由のない履修拒否と区別することなく、代替措置が不可能というわけでもないのに、代替措置について何ら検討することもなく、体育科目を不認定とした担当教員らの評価を受けて、原級留置処分をし、さらに、不認定の主たる理由および全体成績について勘案することなく、２年続けて原級留置となったため進級等規程および退学内規に従って学則にいう『学力劣等で成業の見込みがないと認められる者』に当たるとし、退学処分をしたという上告人の措置は、考慮すべき事項を考慮しておらず、又は考慮された事実に対する評価が明白に合理性を欠き、その結果、社会観念上著しく妥当を欠く処分をしたものと評するほかはなく、本件各処分は、裁量権の範囲を超える違法なものといわざるを得ない。」

（注３）

最判平４年10月29日（民集46・７・1174）

「原子炉施設の安全性に関する判断の適否が争われる原子炉設置許可処分の取消訴訟における裁判所の審理、判断は、原子力委員会若しくは原子炉安全専門審査会の専門技術的な調査審議および判断を基にしてされた被告行政庁の判断に不合理な点があるか否かという観点から行われるべきであって、現在の科学技術水準に照らし、右調査審議において用いられた具体的審査基準に不合理な点があり、あるいは当該原子炉施設が右の具体的審査基準に適合するとした原子力委員会若しくは原子炉安全専門審査会の調査審議および判断の過程に看過し難い過誤、欠落があり、被告行政庁の判断がこれに依拠してされたと認められる場合には、被告行政庁の右判断に不合理な点があるものとして、右判断に基づく原子炉設置許可処分は違法と解すべきである。」

小問２について

(1)　司法審査の方法の選択

ア　小問１で述べたとおり、行政裁量権の行使に対し、裁判所がその違法性の有無を判断しようとする場合に用いることができる審査手法には、いろいろなものがある。

一般論としていえば、裁判所がいずれの手法を最終的に選択するのかという点は、訴訟における当事者の具体的な主張内容、裁判で明らかにされた事実関係、証拠関係等の点が総合的に考慮された上で、適切に判断されれば足りよう。

ただし、設例において、農業委員会は、農地法３条２項７号を根拠として不許可処分を行ったのであるから、同号に関する国の通知の内容を確認しておくことは不可欠となる。

イ　ところで、行手法は、その２条８号ロにおいて、**審査基準**とは、申請により求められた許認可等をするかどうかをその法令の定めに従って判断するために必要とされる基準をいう、と定義付ける。そして、同法５条は、審査基準について規定を置く。**(注)**

農地法についていえば、国から、通知、通達またはガイドライン等の形式で、いろいろな審査基準が出されているが、そのうち、**処理基準**（平成12年６月１日12構改Ｂ404号次官通知別紙１「農地法関係事務に係る処理基準」）もまた、ここでいう重要な審査基準の一つに当たると考えられる。

（注）

行手５条１項「行政庁は、審査基準を定めるものとする。」

同条２項「行政庁は、審査基準を定めるに当たっては、許認可等の性質に照らしてできる限り具体的なものとしなければならない。」

同条３項「行政庁は、行政上特別の支障があるときを除き、法令により申請の提出先とされている機関の事務所における備付けその他の適当な方法により審査基準を公にしておかなければならない。」

ウ　そこで、当該処理基準を見ると、当該条文（法３条２項７号）の立法趣旨が示されている。**（注）**

また、処理基準には、不許可事由とされる、「周辺の地域における農地等の農業上の効率的かつ総合的な利用の確保に支障を生ずるおそれがあると認められる場合」の具体例として、次のような事由が掲げられている（処理基準第３・８⑴。ただし、これらの事由は例示にすぎないと解される。）。

①　既に集落営農や経営体により農地が面的にまとまった形で利用されている地域で、その利用を分断するような権利取得

②　地域の農業者が一体となって水利調整を行っているような地域で、この水利調整に参加しない営農が行われることにより、他の農業者の農業水利が阻害されるような権利取得

③　無農薬や減農薬での付加価値の高い作物の栽培の取組が行われている地域で、農薬使用による栽培が行われることにより、地域でこれまでに行われていた無農薬栽培等が事実上困難になるような権利取得

④　集落が一体となって特定の品目を生産している地域で、その品目にかかる共同防除等の営農活動に支障が生ずるおそれのある権利取得

⑤　地域の実勢の借賃に比べて極端に高額な借賃で賃貸借契約が締結され、周辺の地域における農地の一般的な借賃の著しい引上げをもた

らすおそれのある権利取得

（注）

処理基準第3・8「農業は周辺の自然環境等の影響を受けやすく、地域や集落で一体となって取り組まれていることも多い。このため、周辺の地域における農地等の農業上の効率的かつ総合的な利用の確保に支障を生ずるおそれがあると認められる場合には、許可をすることができないものとされている。」

(2)　審査基準の存在理由

ア　上記のとおり、農業委員会が、農地3条許可申請について許否の判断を行うに当たって、国が示す処理基準は、審査基準としての役割を果たすことから、重要な意味を有することになる。

ここで、行手法がわざわざ審査基準についての定めを置いている意味について考えると、次のような理由ないし狙いがあると考えられる（宇賀克也・行政手続三法の解説［第1次改訂版］88頁以下）。

第1に、審査基準が作成されることによって、行政庁の判断の公正性・合理性が担保される。

第2に、審査基準を公開することによって、許可申請者にとっては、行政庁が処分を行うに当たり、審査基準を順守したか否かが分かる。

第3に、審査基準を公開することによって、許可申請を予定する者にとっては、事前に許可を受けられる見込みがあるか否かを判断することが容易になる。また、そのことは、行政庁にとっては、不許可処分が確実な申請を減少させる効果があり、それを処理する労力が省けることになる。

第4に、審査基準を公開することによって、行政庁に対し申請に対する処分を慎重にさせる効果を生むと同時に、申請者にとっては、不許可の場合に、不服申立ての便宜が図られる効果が生じる。

イ　審査基準を作成して、これを公開する義務を負うのは行政庁であるが、ここでいう行政庁とは、処分庁（行政処分を行う権限を有する行政庁）を指すと解される。

したがって、例えば、農地法３条許可処分は、第１号法定受託事務であるが（法63条１項）、処分庁である農業委員会が、審査基準作成・公開義務者になると解される（前掲宇賀93頁）。

ウ　なお、審査基準を作成し、かつ、公開する義務があるにもかかわらずそれを履践しないで行われた処分は、行政手続法に反した違法なものとして、その取消しを免れないとした判例がある。**（注）**

（注）

東京高判平13年６月14日（判時1757・51）

「行政手続法は、行政処分、行政指導および届出に関する手続に関し、共通する事項を定めることによって、行政運営における公正の確保と透明性（行政上の意思決定について、その内容および過程が国民にとって明らかであること）の向上を図り、もって国民の権利利益の保護に資することを目的として制定されたものであり、そのような目的の下に、申請に対する処分については、審査基準の設定・公表（同法５条）、理由の提示（８条）等の規定を、不利益処分については、聴聞あるいは弁明の機会の付与（13条）、理由の提示（14条）、文書等の閲覧（18条）等の規定を置いているのであるから、行政手続法は、その適用を受ける処分について、申請者等に対し、同法の規定する適正な手続によって行政処分を受ける権利を保障したものと解するのが相当である。本件においては、既に認定したとおり、厚生大臣は、本件認定申請を行った控訴人に対し、審査基準を公表せず、また法律上提示すべきものとされている理由を提示することなく本件却下処分を行っているところ、このように行政手続法の規定する重要な手続を履践しないで行われた処分は、当該申請が不適法なものであることが一見して明白であるなどの特段の事情のある場合を除き、行政手続法に違反した違法な処分として取消しを免れないものというべきである。そして、前記認定に係る本件却下処分に至るまでの経緯に照らすと、本件において前記特段の事情があるとは到底いえないから、厚生大臣の行った本件却下処分は、違法な処分として、取消しを免れない。」

⑶　農業委員会の不許可処分の適否

ア　設例によれば、農業委員会が、Ａ・Ｂ双方の３条許可申請に対し、不許可処分を決定した主な根拠は、地域の多数派住民が、Ｂの権利取得に反対する署名を出したこととされている。

イ　この場合、多数派住民が反対する理由が、例えば、地域で長年にわたって無農薬野菜の栽培に力を入れてきた結果、次第にブランド力も付いてきて農産物の販売が軌道に乗ってきた状況下において、かつて、Ｂが農薬を大量に使用する農業を行ったため、その悪影響が地域にも及び、地域の農業者が多大の被害を受けた事実があったというような場合はどうか。

前記の処理基準に照らして考えた場合、このような場合であれば、農業委員会としては不許可とせざるを得ない。したがって、上記のような事実関係が認められれば、農業委員会の行った不許可処分に瑕疵は認められず、適法なものと考えられる。

ウ　そうではなく、仮にＢと地域の多数派住民との間に、農業とは全く無関係の紛争が長年にわたって存在しており、地域住民において、Ｂの農地権利取得を快く思わない風潮があり、そのような理由で、多数派住民が反対署名を集めて農業委員会に提出したような場合はどうか。

この場合は、農業委員会において、不許可処分を行う根拠は特にないといわざるを得ない。したがって、同不許可処分は、前記した平等原則違反または不許可処分に至る判断過程に不合理な点が認められるという理由から、裁量権の逸脱または濫用が認められ、違法なものとして取り消される可能性が高い。

エ　ここで、審査基準つまり処理基準は、本来的に行政機関の内部において作成されるものにすぎないから（行政規則）、外部的拘束力の認められる法規範（法規命令）ではないことに注意する必要がある。そのため、審査基準は、外部に対する法的拘束力を有しない内部規範にすぎないにもかかわらず、それに適合していることを根拠として、処分の適法性を主張することはおかしくはないか、という疑問を生ずる。

この点について、最高裁は、酒税法に基づく免許申請に対し、国が、国税庁長官の通達に定められた認定基準によって拒否処分を行ったため、申請者が処分の取消しを求めた事件において、認定基準に適合した処分は原則として適法である、とする立場をとった。**（注）**

（注）

最判平10年７月16日（判時1652・52）

「本件処分当時の酒類販売業免許制の運用については、酒税法10条各号該当性の具体的な判断の基礎となる内部基準として、［中略］平成元年取扱要領［中略］が設けられ、これに従った運用が行われていた。［中略］平成元年取扱要領における酒税法10条11号該当性の認定基準は、当該申請に係る参入によって当該小売販売地域における酒類の供給が過剰となる事態を生じさせるか否かを客観的かつ公正に認定するものであって、合理性を有しているということができるので、これに適合した処分は原則として適法というべきである。」

設例10　取消訴訟の諸問題（その2）

設例10
（小問１）　農地の所有者Ａは、農業者Ｂとの間で農地の売買契約を締結し、農業委員会に対し、３条許可申請をした。ところが、農業委員会は、地域の多数派住民がＢの権利取得に反対する署名を提出したことを原因として、農地法３条２項７号を理由に不許可処分を行った。Ｂは、農業委員会の行った３条不許可処分に対し、その取消しおよび許可処分の義務付け訴訟を提起した。Ｂが提起した訴訟とは、どのようなものか？
（小問２）　Ｂが起こした訴訟の審理が地方裁判所で始まったが、処分の適法性を立証する責任は農業委員会側にあるか。それとも、逆に、Ｂの側で処分の違法性を立証する責任を負うか？
（小問３）　取消訴訟等の結果、農業委員会の不許可処分を取り消す内容の判決が出たが、その余のＢの請求は棄却された。この場合、農業委員会としては、どのように行動することが求められるか？
　また、当該判決の効力はＡにも及ぶか？

解答

小問１について

(1)　処分の取消訴訟と義務付け訴訟

ア　農地の所有者Ａと農業者Ｂは、農地売買契約を締結し、これに基づく所有権移転行為の許可を求めて、農業委員会に対し３条許可申請を行った。しかし、農業委員会は、拒否処分（不許可処分）を行った。

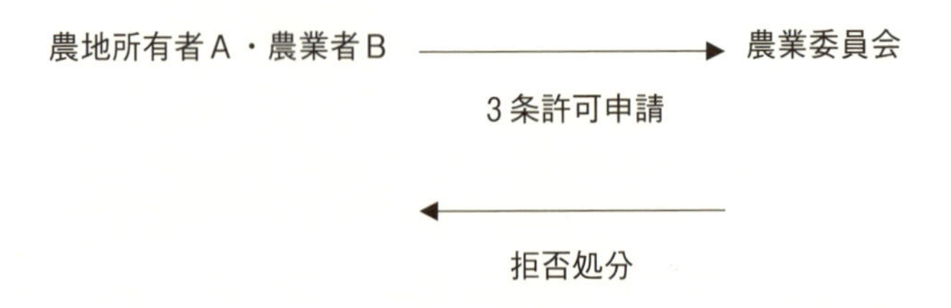

イ　これに対し、Bは、その取消訴訟および許可の義務付け訴訟を提起した。ここでいう**取消訴訟**（処分の取消しの訴え）とは、農業委員会が行った不許可処分の取消しを裁判所に対して求めるものである（行訴３条２項）。

これに対し、**義務付け訴訟**（義務付けの訴え）とは、行政庁に対し、処分または裁決をすべき旨を命ずることを求める訴訟である（行訴３条６項）。この義務付け訴訟には二つの種類があって、申請権を前提としない**非申請型義務付け訴訟**と（同項１号）、申請権を前提とする**申請型義務付け訴訟**に区別される（同項２号）。**(注)**

設例の場合は、申請型義務付け訴訟である。

(注)

行訴３条６項１号「行政庁が一定の処分をすべきであるにかかわらずこれがされないとき（次号に掲げる場合を除く。）。」

同項２号「行政庁に対し一定の処分又は裁決を求める旨の法令に基づく申請又は審査請求がされた場合において、当該行政庁がその処分又は裁決をすべきであるにかかわらずこれがされないとき。」

ウ　設例のような場合、拒否処分を受けた者が義務付け訴訟を提起しようとするときは、拒否処分（不許可処分）の取消訴訟または無効等確認訴訟を併合して提起することを要する（行訴37条の３第３項）。つまり、

３条不許可処分の取消訴訟と、３条許可処分の義務付け訴訟を併合して提起する必要がある。

原告Ｂ ――――▶ 被告（農業委員会を設置している市町村）

┌ ３条不許可処分の取消訴訟
└ ３条許可処分の義務付け訴訟

(2)　勝訴要件

ア　申請型義務付け訴訟において、原告であるＢが勝訴するためには、①農業委員会の行った３条不許可処分が違法または無効であると認められること、および②申請型義務付け訴訟にかかる処分について、行政庁である農業委員会がその処分をすべきであることが、処分の根拠法令の規定（農地法・同施行令・同施行規則）から明らかであると認められるか、または農業委員会がその処分をしないことが、裁量権の逸脱・濫用となると認められる必要がある（行訴37条の３第５項）。

イ　なお、申請型義務付け訴訟に併合提起された取消訴訟についてのみ終局判決をすることが、より迅速な争訟の解決に資すると裁判所が認めるときは、取消訴訟についてのみ終局判決をすることができる（行訴37条の３第６項）。

小問２について

(1)　立証責任とは

ア　**立証責任**とは、当事者のうちいずれの側が、処分の違法性（処分を受けた側からみた場合）または適法性（処分を行った側から見た場合）について証明する責任を負うのか、という問題である。この点については、過去から現在に至るまでいろいろな考え方が提唱されている。しかし、それをここで全て紹介することには余り意味がないと考えるので、代表的なものについてのみ言及する。

イ　民事訴訟においては、**法律要件分類説**が通説となっていて、実体法規（例えば、民法がこれに当たる。）の条文を解釈することによって、原告と被告のいずれが、**要件事実**（権利の発生、障害および消滅の各法律効果を導くための事実）を立証する責任を負うかが決まるとされている。

そして、自己にとって有利な法律効果を生む事実については、その者に立証責任が課せられていると考える（例えば、売主が買主に対し、売買契約に基づく物の売買代金を請求しようとした場合、売主の側で、「何時、何をいくらで売買する契約を結んだ」という事実を証明する必要がある。この事実を売主が証明できないときは、売主は敗訴する。）。

ウ　この考え方を、行政事件の取消訴訟にも取り入れようとすると、次のようになると解される（塩野宏・行政法Ⅱ［第５版］163頁）。

①　行政庁の権限行使規定（「○○のときは処分する」）については、権限行使を主張する者が要件事実について立証責任を負う（積極的処分については行政庁が、また、消極的処分〈申請拒否処分〉については原告が、それぞれ要件事実の立証責任を負う。）。

②　行政庁の権限不行使規定（「○○のときは処分できない」）については、処分権限の不行使を主張する者が要件事実について立証責任を負う（積極的処分については原告が、また、消極的処分については行政庁が、それぞれ要件事実の立証責任を負う。）。

⑵　現在の多数説

ア　しかし、上記の法律要件分類説の考え方は、取消訴訟にはなじまないという批判がある。なぜなら、民法と異なって、行政法規は、行政機関が活動するための行為規範であって、立証責任の分配までいちいち考慮して法文が制定されているわけではないと考えられるからである。

イ　そこで、次のような立場が現在の多数説と考えられる（前掲塩野166頁、大橋洋一・行政法Ⅱ119頁）。本書もこの立場を支持する。

①　侵害処分（例　課税処分）については、原告は当該処分が違法であると主張すれば足りる。侵害処分の適法性について立証責任を負うのは行政庁の側である。

②　市民に対し利益を与える授益的処分を求める申請（例　３条許可申請）に対する行政庁の拒否処分については、原告は、給付ないし許可要件の存在についての立証責任を負う。

③　裁量処分の違法性が争われる場合は、裁量権の逸脱・濫用を基礎付ける事実については、原告が立証責任を負う。

(3)　最高裁判例

ア　立証責任について述べた最高裁判例は比較的少ないが、以下、紹介する。

①　最高裁昭和34年９月22日判決は、行政行為の無効原因について、原告が立証責任を負うとした。**（注１）**

②　同じく、平成６年２月８日判決は、情報公開法・情報公開条例における非公開事由について、それに該当するかどうかの点の立証責任は、行政機関の側にあるとした。**（注２）**

③　同じく、昭和42年４月７日判決は、裁量処分の無効確認を求める訴訟において、無効原因の立証責任は、原告にあるとした。**（注３）**

④　同じく、平成４年10月29日判決は、原子炉設置許可処分について、被告行政庁がした判断に不合理な点があることの立証責任は原告が負うとしつつ、被告行政庁の側において依拠した具体的審査基準、調査審議および判断の過程について、不合理な点のないことを立証する必要があるとした。**（注４）**

（注１）

最判昭34年９月22日（民集13・11・1426）

「無効原因があるというためには、農地と認定したことに重大・明白な誤認がある場合（たとえば、すでにその地上に堅固な建物の建っているような純然たる宅地を農地と誤認して買収し、その誤認が何人の目にも明白であるというような場合）でなければならない。従って、無効原因の主張としては、誤認が重大・明白であることを具体的事実（右の例でいえば地上に堅固な建物の建っているような純然たる宅地を農地と誤認して買収したということ）に基いて主張すべきであり、単に抽象的に処分に重大・明白な瑕疵があると主張したり、若しくは、処分の取消原因が当然に無効原因を構成するものと主張することだけでは足りないと解すべきである。」

（注２）

最判平６年２月８日（民集48・２・255）

「そうすると、本件文書を公開することにより右のようなおそれがあるというためには、上告人［大阪府水道企業管理者］の側で、当該懇談会等が企画調整等事務又は交渉等事務に当たり、しかも、それが事業の施行のために必要な事項についての関係者との内密の協議を目的として行われたものであり、かつ、本件文書に記録された情報について、その記録内容自体から、あるいは他の関連情報と照合することにより、懇談会等の相手方等が了知される可能性があることを主張、立証する必要があるのであって、上告人において、右に示した各点についての判断を可能とする程度に具体的な事実を主張、立証しない限り、本件文書の公開による前記のようなおそれがあると断ずることはできない筋合いである。」

（注３）

最判昭42年４月７日（民集21・３・572）

「行政庁の裁量に任された行政処分の無効確認を求める訴訟においては、その無効確認を求める者において、行政庁が右行政処分をするにあたってした裁量権の行使がその範囲をこえまたは濫用にわたり、したがって、右行政処分が違法であり、かつ、その違法が重大かつ明白であることを主張および立証することを要するものと解するのが相当である。」

（注４）

最判平４年10月29日（民集46・７・1174）

「原子炉設置許可処分についての右取消訴訟においては、右処分が前記のような性質を有することにかんがみると、被告行政庁がした右判断に不合理な点があることの主張、立証責任は、本来、原告が負うべきものと解されるが、当該原子炉施設の安全審査に関する資料をすべて被告行政庁の側が保持しているなどの点を考慮すると、被告行政庁の側において、まず、その依拠した前記の具体的審査基準並びに調査審議および判断の過程等、被告行政庁の判断に不合理な点のないことを相当の根拠、資料に基づき主張、立証する必要があり、被告行政庁が右主張、立証を尽くさない場合には、被告行政庁がした右判断に不合理な点があることが事実上推認されるものというべきである。」

イ　ここに掲げた最高裁の判例の中で、平成４年10月29日判決をどう解するかという点が問題となる。この点については、裁量権行使に当たって裁量権の逸脱・濫用の事実が存在することの立証責任は原告にあるとした上で、訴訟当事者の公平性を保つために、原告の主張立証責任の軽減を図ったものと解する（前掲塩野167頁）。

小問３について

ア　今回、Ｂが提起した訴訟のうち、取消訴訟については、Ｂを勝訴させる判決が出た。つまり、３条不許可処分を取り消す内容の判決が出た。この場合、判決にはどのような効力があるかが問題となる。

イ　一般に、次のような効力があるとされている。

第１に、**既判力**である。これは、判決が確定した場合に、訴訟の対象となった同一事項について、訴訟当事者および裁判所が、今後異なる主張・判断を行うことを拒む効力である。

第２に、**形成力**である。これは、争われた処分について、最初から効力を消滅させる効力である。つまり、設例でいえば、農業委員会が行った３条不許可処分の効力が、処分時に遡及して消滅するということである。さらにいえば、３条不許可処分だけが消滅するのであるから、Ａ・Ｂの３条許可申請が残る状態になる（３条許可申請に対し、農業委員会が何も応答していない状態に戻る。）。

また、行訴法32条１項は、「処分又は裁決を取り消す判決は、第三者に対しても効力を有する。」と定める。これを取消訴訟の**第三者効**という。つまり、今回、原告Ｂおよび被告市町村（農業委員会を設置した市町村）に対する判決の効力は、訴訟に参加しなかったＡに対しても及ぶことになる。その結果、後記するとおり、判決の趣旨に従って農業委員会があらためて３条許可処分を行った場合、農地の売買契約の効力が発生し、農地所有権は、ＡからＢに対し移転することになる。

第３に、**拘束力**である。**（注）**

拘束力とは、既に判決で取り消された理由と同じ理由で、再度、処分を行うことを禁止する効力である。すなわち、行政庁である農業委員会は、取り消された処分と、同一事情の下で、同一の理由で、同一の内容の処分を行うことはできなくなる。

また、農業委員会は、判決の趣旨に従って、あらためて処分を行う義務を負うに至る。その結果、再度、Ａ・Ｂの３条許可申請を審査して処分をやり直す必要がある（通常は、３条許可処分を行うことになろう。）。

（注）

行訴33条１項「処分又は裁決を取り消す判決は、その事件について、処分又は裁決をした行政庁その他の関係行政庁を拘束する。」

同条２項「申請を却下し若しくは棄却した処分又は審査請求を却下し若しくは棄却した裁決が判決により取り消されたときは、その処分又は裁決をした行政庁は、判決の趣旨に従い、改めて申請に対する処分又は審査請求に対する裁決をしなければならない。」

第２部　農地の登記その他

設例11　判決による登記申請

設例11
（小問１）　売主Ａ、買主Ｂの間で、耕作目的でＡ所有農地をＢに売買する契約が締結された。しかし、Ａは、農業委員会に対する農地法３条許可申請手続に協力することを拒んでいる。この場合、Ｂが３条許可を受けるためにはどうすればよいか？
（小問２）　前問の事例で、Ａ・Ｂが、協力して農業委員会に対し双方申請した結果、Ｂは３条許可を受けられたとする。しかし、Ａは、Ｂに対する所有権移転登記手続を拒んでいる。Ｂとしてはどうすればよいか？
（小問３）　小問１の事例で、Ａが、農業委員会への農地法３条許可申請手続に協力しない場合、Ｂは、Ａに対し、農業委員会の３条許可申請手続を行えと請求すると同時に、仮に許可が出た場合に、農地の所有権移転登記をするよう請求できるか？

解答

小問１について

⑴　双方申請の原則（３条許可申請）

ア　農地の売主Ａと買主Ｂは、売買契約を締結することによって、Ａ所有農地をＢに譲渡する合意をした。

売主Ａ ――――→ 買主Ｂ
農業委員会の３条許可

イ　そして、Ｂは、耕作目的を有していることから、農地法３条許可を受ける必要がある（なお、農地転用目的の場合は、５条許可となる。）。この場合、本来であれば、Ａ・Ｂ双方が協力して３条許可申請書に連署し、それを農業委員会に提出することになる（令３条、規10条１項）。これを**双方申請の原則**という。**（注）**

（注）

令３条「法第３条第１項の許可を受けようとする者は、農林水産省令で定めるところにより、農林水産省令で定める事項を記載した申請書を農業委員会に提出しなければならない。」

規10条１項「令第３条の規定により申請書を提出する場合には、当事者が連署するものとする。」

(2)　請求の趣旨

ア　設例では、売主Ａが、３条許可申請手続に協力することを拒否している。この場合、買主Ｂは、Ａに対し、農業委員会の３条許可申請手続を行うことを求めて、自分が原告となり、Ａを被告として訴訟を提起することができる。そして、Ｂは、勝訴判決を得た上で、単独で３条許可申請手続をすることができる。

なぜ、そのような権利が認められるかといえば、農地の買主Ｂには、売主Ａに対し、農地法３条許可申請に協力するよう求める権利が発生していると考えられるからである。これを**許可申請協力請求権**という（設例３「転用届出の効力」小問２参照）。**（注）**

（注）

最判昭50年４月11日（民集29・４・417）

「農地について売買契約が成立しても、都道府県知事［注：当時は、都道府県知事に許可権限があった。］の許可がなければ農地所有権移転の効力は生じないのであるが、売買契約の成立により、売主は、買主に対して所有権移転の効果を発生させるため買主に協力して右許可申請をすべき義務を負い、また、買主は売主に対して右協力を求める権利（以下、単に許可申請協力請求権という。）を有する。したがって右許可申請協力請求権は、許可により初めて移転する農地所有権に基づく物権的請求権ではなく、また所有権に基づく登記請求権に随伴する権利でもなく、売買契約に基づく債権的請求権であり、民法167条１項の債権に当たると解すべきであって、右請求権は売買契約成立の日から10年の経過により時効によって消滅するといわなければならない。」

イ　裁判所に提出する訴状には、**請求の趣旨**のほか必要的記載事項を表示する必要がある（請求の趣旨とは、裁判所に対する訴えによって何を求めるのかを簡潔に表示したものである。民訴133条２項２号）。

請求の趣旨は、設例の場合、例えば、次のように記載する。

「被告（A）は、原告（B）に対し、別紙物件目録記載の土地について、○○市農業委員会に対し農地法３条の規定による所有権移転の許可申請手続をせよ。」

(3)　単独申請

ア　訴訟の結果、原告となったBが勝訴し、その判決が確定した場合、Bは、単独で農業委員会に対し３条許可申請をすることが認められる（規10条１項ただし書）。この場合は、例外的に**単独申請**が可能となる（設例５「許可審査権と許可申請協力請求権」小問２参照）。

なお、許可申請書には、判決正文を添付する必要がある（規10条２項10号）。

イ　Bから３条許可申請書の提出を受けた農業委員会は、農地法の許可要件を満たすか否かを審査する（より正確にいえば、農地法３条２項に列挙された不許可要件のいずれかに該当するか否かの判断を行う。）。農業委員会は、要件を満たすと判断した場合は許可処分を、要件を満たさないと判断した場合は不許可処分を行う。

ウ　仮に、Bが、農業委員会から３条許可を受けることができたときは、続いて小問２で述べるとおり、所有権移転登記の問題を生ずる。ただし、登記は**対抗要件**にすぎないので（民177条）、登記をしなくても、売買目的農地の実体的な所有権はＢに移転している。**（注）**

また、所有権移転登記をするか否かは、原則的に**登記権利者**（権利に関する登記をすることにより、登記上、直接に利益を受ける者をいう。不登２条12号）であるＢの自由であるから、同人において、所有権移転登記は特に必要でないと考えた場合、所有権移転登記は行わなくてもよい。

なお、Ａは、**登記義務者**（権利に関する登記をすることにより、登記上、直接に不利益を受ける登記名義人をいう。同条13号）であるから、Ｂに対する**登記請求権**を有しないと考えられる。

（注）

民177条「不動産に関する物権の得喪及び変更は、不動産登記法（平成16年法律第123号）その他の登記に関する法律の定めるところに従いその登記をしなければ、第三者に対抗することができない。」

小問２について

⑴　共同申請の原則（登記申請）

ア　Ａ・Ｂの双方申請によって農地法３条許可処分を得ることができたＢが、次に、自分に対する所有権の移転登記を行おうとする場合、ＡとＢは、共同で移転登記申請をしなければならない（不登60条）。これを**共同申請の原則**という。**（注）**

（注）

不登60条「権利に関する登記の申請は、法令に別段の定めがある場合を除き、登記権利者及び登記義務者が共同してしなければならない。」

イ　ところが、小問２において、Ａは所有権移転登記手続に協力することを拒否している。その場合、Ｂは、後記のとおり判決を得た上で、単独で登記申請を行うほかない（**単独申請**。不登63条１項）。**（注）**

（注）

不登63条１項「第60条、第65条又は第89条第１項［中略］の規定にかかわらず、これらの規定により申請を共同してしなければならない者の一方に登記手続をすべきことを命ずる確定判決による登記は、当該申請を共同してしなければならない者の他方が単独で申請することができる。」

ウ　ここで、なぜそのような権利がＢについて認められるのか、という点が問題となる。それは、次のような理由による。

ＡとＢは、Ａ所有の農地をＢに譲渡する契約を結び、また、Ｂは、所有権移転のための効力発生要件である農地法３条許可を既に受けている（設例６「３条許可申請と行政指導」小問４参照）。

そのため、売買契約の効力（所有権移転の効力）が生じ、売買目的農地の所有権は、Ｂに移転していると考えることができるからである（民555条）。**（注）**

（注）

民555条「売買は、当事者の一方がある財産権を相手方に移転することを約し、相手方がこれに対してその代金を支払うことを約することによって、その効力を生ずる。」

エ　ただし、前記したとおり、登記は、対抗要件にすぎず（民177条）、登記の有無は実体的な所有権所在に影響を及ぼさない。しかし、権利者であっても、対抗要件である登記を備えておかないと、第三者が先に登記を具備することによって、結果的に同人に対し所有権取得を対抗できなくなるおそれが生じる。そのため、買主であるＢは、登記請求権を行使して、ＡからＢへの所有権移転登記を行う必要がある。

⑵　請求の趣旨

Ｂは、自分が原告となり、Ａを被告として訴訟を提起する。

請求の趣旨は、本設例の場合、例えば、次のように記載する。

「被告（Ａ）は、原告（Ｂ）に対し、別紙物件目録記載の土地について、平成○○年○月○日付け○○市農業委員会の農地法３条の規定による許可日の売買を原因とする所有権移転登記手続をせよ。」

ここでは、Ｂが登記権利者であり、Ａが登記義務者となる。

(3)　単独申請

ア　訴訟の結果、Ｂが勝訴して判決が確定したら、単独で登記申請をすることができる。ここで、登記権利者であるＢが、単独で売買目的農地の所有権移転登記を申請する場合、農地法３条許可書を添付することを要するか否かという問題を生ずる。

イ　原則的に添付を要するが、判決理由中で農地法３条許可を受けたことが認定されているときは、農地法３条許可書を添付することを要しないというのが登記実務である（民事局第三課長回答）。**(注)**

(注)

民事局第三課長回答平成６年１月17日民三373号「地目が農地である土地につき所有権移転登記手続を命ずる判決に基づいて登記の申請をする場合において、その判決の理由中に農地法所定の許可がされている旨の認定がされているときは、申請書に農地法所定の許可書を添付することを要しない。右の場合において、判決の理由中に、当該土地が現に農地又は採草放牧地以外の土地であって、農地法第３条又は第５条の規定による権利移動の制限の対象ではない旨の認定がされているときは、所有権移転登記の申請に先立って地目変更の登記をすることを要する。」

小問３について

(1)　請求の趣旨（３条許可申請と登記申請）

ア　この場合、Ｂは、Ａに対し訴訟を提起し、農業委員会へ３条許可申請をすること、および３条許可を条件として登記官へ登記申請することを、それぞれ請求することができる。

イ　請求の趣旨は、この場合は、例えば次のように記載する。

「1　被告（A）は、原告（B）に対し、別紙物件目録記載の土地について、○○市農業委員会に対し農地法3条の規定による所有権移転の許可申請手続をせよ。2　被告は、原告に対し、上記許可があったときは、同土地について、上記許可の日の売買を原因とする所有権移転登記手続をせよ。」

(2)　執行文の付与

この場合は、たとえ判決が出て農業委員会に対する3条許可申請手続をB単独で行い得るとしても、前記したとおり、3条許可を受けられるか否かは、農業委員会の審査結果次第であって分からない。

したがって、3条許可を条件とする農地の所有権移転登記を命ずる判決によって、所有権移転登記申請を行う場合には、**執行文**が付与された判決正本を添付する必要があるとされている（民事局第三課長回答昭和48年11月16日民三8527号）。**(注)**

(注)

民執27条1項「請求が債権者の証明すべき事実の到来に係る場合においては、執行文は、債権者がその事実の到来したことを証する文書を提出したときに限り、付与することができる。」

同174条1項「意思表示をすべきことを債務者に命ずる判決その他の裁判が確定し、又は和解、認諾、調停若しくは労働審判に係る債務名義が成立したときは、債務者は、その確定又は成立の時に意思表示をしたものとみなす。ただし、債務者の意思表示が、債権者の証明すべき事実の到来に係るときは第27条第1項の規定により執行文が付与された時に、反対給付との引換え又は債務の履行その他の債務者の証明すべき事実のないことに係るときは次項又は第3項の規定により執行文が付与された時に意思表示をしたものとみなす。」

設例12　時効取得による登記申請

設例12

売主Ａ、買主Ｂの間で、平成７年４月１日、耕作目的でＡ所有農地をＢに売買する契約が締結されて、同日、農地はＢに引き渡された。Ｂは、当該農地の所有権を取得したと信じて、以後、これを平成27年４月１日まで20年間にわたって耕作した。しかし、同人らは、農業委員会の農地法３条許可は受けていない。この場合、ＡとＢは、農地法３条許可を受けることなく、共同で当該農地の所有権移転登記の申請をすることが認められるか？

解答

設例12について

(1)　時効取得とは

ア　農地の売主Ａと買主Ｂは、売買契約を締結することによって、Ａ所有農地をＢに引き渡している。しかし、権利移転の効力要件である農地法３条許可を、Ｂは受けていない。

売主Ａ ――――――――→ 買主Ｂ
売買目的農地について所有権の時効取得が完成

設例では、引渡し時から20年間が経過しているが、果たして、そのような長期間にわたる農地の占有に何か法律的な意味があるのであろうか。

結論を先にいえば、「ある」ということになる。

イ　また、仮に、Bについて目的農地の所有権の**時効取得**が認められた場合であっても、なお、農地法3条許可が必要となるのか否か、という点が問題となる。この点について、最高裁の判例は、売買目的農地について時効取得が認められれば、もはや農地法3条許可は不要となるとしている。**(注)**

(注)

最判昭50年9月25日（民集29・8・1320）

「農地法3条による都道府県知事等の許可の対象となるのは、農地等につき新たに所有権を移転し、又は使用収益を目的とする権利を設定若しくは移転する行為にかぎられ、時効による所有権の取得は、いわゆる原始取得であって、新たに所有権を移転する行為ではないから、右許可を受けなければならない行為にあたらないものと解すべきである。」

ウ　上記最高裁判決は、時効取得は**原始取得**であるという。ここでいう原始取得とは、**承継取得**の反対概念であるといってよい。

通常、所有権の移転は、元所有者から誰かが権利を引き継ぐ、つまり承継するという関係に立つことが多い。例えば、売買、贈与、交換などの場合がこれに当たる。これらの場合は、承継取得となる。

ところが、原始取得とは、設例でいえば、取得時効によって農地の所有権をBが取得すると、その反射的効果として、Aは当該農地の所有権を失う関係に立つということである（Bは、Aから農地の所有権を承継するのではない。）。

(2)　時効取得の成立要件

ア　時効取得には、二つの類型があり、民法162条は、占有期間が20年の**長期取得時効**と、期間が10年の**短期取得時効**を定める。また、時効取得の対象となるのは、所有権に限定されず、それ以外の財産権（例　賃借権）であってもその対象となる。**(注)**

（注）

民162条１項「20年間、所有の意思をもって、平穏に、かつ、公然と他人の物を占有した者は、その所有権を取得する。」

同条２項「10年間、所有の意思をもって、平穏に、かつ、公然と他人の物を占有した者は、その占有の開始の時に、善意であり、かつ、過失がなかったときは、その所有権を取得する。」

同163条「所有権以外の財産権を、自己のためにする意思をもって、平穏に、かつ、公然と行使する者は、前条の区別に従い20年又は10年を経過した後、その権利を取得する。」

イ　時効取得が成立するための要件は、次のとおりである。

①　占有者に所有の意思があること。

②　平穏かつ公然と占有すること。

③　短期取得時効の場合には、占有開始時において善意無過失であること。

(3)　所有の意思

ア　いずれの時効取得であっても、占有者に**所有の意思**があることが要件とされる。また、**占有**とは、物に対する事実上の支配をいう。例えば、農地の場合、前の占有者から農地の引渡しを受けて、当該農地を耕作している状態をいう（耕作放棄地状態に陥らせているときは、同農地を占有しているとは通常いえないであろう。）。

占有 ┬ 自主占有　　所有の意思のある占有
　　 └ 他主占有　　所有の意思を欠く占有

そして、所有の意思がある占有を**自主占有**と呼ぶ。設例のＢの場合、Ａから売買契約によって農地の所有権を取得したと信じて占有を開始しているのであるから、Ｂの占有は自主占有といってよい。これに対し、所有の意思を欠く占有を**他主占有**という。

イ　ここで、自主占有または他主占有は、占有者の主観によって決まるのか、という点が問題となる。結論を先にいえば、そのように考えることはできない。最高裁の判例は、同人に対し占有を取得させた権原の性質から、外形的客観的に決まるとしている。**(注)**

したがって、売買、贈与、交換などの、所有権の移転行為を内容とする契約を原因として農地の占有を得た者の場合は、自主占有となる。他方、賃貸借契約、使用貸借契約によって農地の占有を得た者の占有は、他主占有である。

(注)

最判昭45年6月18日（判時600・83）

「占有における所有の意思の有無は、占有取得の原因たる事実によって外形的客観的に定められるべきものであるから、賃借権が法律上効力を生じない場合にあっても、賃貸借により取得した占有は他主占有というべきであり、[中略] 上告人の占有をもって他主占有というに妨げなく、同旨の原審の判断は正当として首肯することができる。」

最判昭52年3月3日（民集31・2・157）

「農地を賃借していた者が所有者から右農地を買い受けその代金を支払ったときは、当時施行の農地調整法4条によって農地の所有権移転の効力発生要件とされていた都道府県知事の許可又は市町村農地委員会の承認を得るための手続がとられていなかったとしても、買主は、特段の事情のない限り、売買契約を締結し代金を支払った時に民法185条にいう新権原により所有の意思をもって右農地の占有を始めたものというべきである。」

最判平13年10月26日（民集55・6・1001）

「農地を農地以外のものにするために買い受けた者は、農地法5条所定の許可を得るための手続が執られなかったとしても、特段の事情のない限り、代金を支払い当該農地の引渡しを受けた時に、所有の意思をもって同農地の占有を始めたものと解するのが相当である。」

(4) 平穏かつ公然の占有

時効取得が認められる占有とは、平穏かつ公然の占有である。

平穏な占有とは、占有の取得および保持が暴力的でないことをいい、**公然の占有**とは、占有の取得および保持が秘かに行われたものではないことをいう。

(5) 善意・無過失の占有

ア　善意とは、占有者において、自分に所有権があると信じることをいう（これに対し、悪意とは、自分に所有権がないことを知っている状態を指す。）。

また、短期時効取得の場合（民162条２項）は、**無過失**であることが必要となる。無過失とは、占有者においてそのように信じることに過失（不注意）がないことをいう（他方、不注意があれば**有過失**となって、長期取得時効の成否の問題となる。）。

イ　ただし、民法186条１項は、占有者について、法律上の事実推定規定を定める。これによれば、①所有の意思（自主占有）、②善意の占有、③平穏かつ公然の占有であることが、それぞれ推定されている。したがって、時効取得を主張する側が、積極的にこれらの点を立証する必要はない。

ところが、上記したとおり、占有期間が10年とされる短期取得時効の要件である無過失は、民法上は推定規定が置かれていないため、時効取得を主張する側が、積極的にこれを立証する必要がある。

ここでいう過失または無過失とは、もちろん事実そのものではなく、あくまで法的な評価にすぎない。このようなものを**規範的要件**と呼ぶ。そして、過失がなかったことを主張立証しようとする側は、無過失という法的な評価を根拠付けるに足る事実を証明する必要がある。

ウ　なお、時効取得が認められるには、占有者が、対象となる物を10年または20年にわたって長期間占有することが必要である。

この点について、民法186条２項は、時効の起算時と満了時の両方の時点で、占有者の占有が認められるときは、二つの時点の間は、占有が継続していたものと推定する。**（注）**

（注）

民186条１項「占有者は、所有の意思をもって、善意で、平穏に、かつ、公然と占有するものと推定する。」

同条２項「前後の両時点において占有をした証拠があるときは、占有は、その間継続したものと推定する。」

⑹　農地法の許可を得ていない場合

ア　設例のＢは、農地法３条許可を受けないまま、売買目的農地を20年間にわたって占有している。この場合、果たして、農地の時効取得を認めることができるであろうか。

結論を先にいえば、認められるということになる。なぜなら、Ｂは、20年間にわたって農地を占有しているのであるから、民法162条１項の定める長期取得時効が成立していると考えることができるからである。

長期取得時効の成立要件は、①Ｂに所有の意思があること、②Ｂが平穏かつ公然と占有を開始したこと、③20年間占有を継続したこと、の３点である。したがって、仮に、占有開始時に、Ｂについて過失が認められたとしても、時効取得が認められることの妨げにはならない。

イ　仮に、Ｂの占有期間が20年に満たない場合、時効取得は否定される。なぜかといえば、最高裁判決は、農地の譲渡を目的とした行為（例：売買、贈与等）について、農地法の許可を受けなかったときは、無過失とはいえないとしているからである。**（注）**

（注）

最判昭59年５月25日（民集38・７・764）

「農地の譲渡を受けた者は、通常の注意義務を尽すときには、譲渡を目的とする法律行為をしても、これにつき知事の許可がない限り、当該農地の所有権を取得することができないことを知りえたものというべきであるから、譲渡についてされた知事の許可に瑕疵があって無効であるが右瑕疵のあることにつき善意であった等の特段の事情のない限り、譲渡を目的とする法律行為をしただけで当該農地の所有権を取得したと信じたとしても、このように信ずるについては過失がないとはいえない〔中略〕。」

⑺　登記申請

ア　Ａ・Ｂが共同して、時効取得を登記原因として登記申請する場合、添付情報としての**登記原因証明情報**を登記官に提出する必要がある。

時効取得の場合、例えば、通常の不動産売買による移転登記の場合にみられる売買契約書、領収書などの原資料（文書）を提供することができないため、報告形式の登記原因証明情報とならざるを得ない。

その場合、民法が定める取得時効の要件を全て記述する必要がある。上記した法律上の推定が働く事実も、省略することなく示す必要があると解される（山野目章夫・不動産登記法概論232頁）。

イ　設例でいえば、おおむね次のような記載となろう。

①　Ａ・Ｂは、平成７年４月１日、Ａ所有農地を売買した。

②　Ｂは、同日、本件農地の引渡しを受けた。

③　Ｂは、同日以降、平成27年４月１日まで、所有の意思をもって、平穏かつ公然と、本件農地を占有し、同日、時効取得が完成した。

④　Ｂは、平成27年５月１日、Ａに対し、上記時効取得を援用する旨の意思表示をした。

⑤　以上のことから、Ｂは、本件農地の所有権を時効によって取得した。

ウ　この場合、登記義務者はＡであり、登記権利者はＢとなる。また、登記原因は時効取得であり、登記原因日付は平成７年４月１日となる。登記原因日付が、平成７年４月１日となるのは、民法144条が、「時効の効力は、その起算日にさかのぼる。」と定めているからである。

エ　共同申請による、時効取得を原因とする農地の所有権移転登記については、農地法３条許可書を添付する必要はないとするのが登記実務である（なお、判決で農地の時効取得が認定され、これを受けて登記権利者が単独で所有権移転登記申請を行う場合も同様と解される。民事局長回答昭和38年５月６日民甲1285号）。

オ　なお、国は、「時効取得を原因とする農地についての権利移転又は設定の登記の取扱いについて」という通知を発し、登記完了前および登記完了後の措置について示している（昭和52年８月25日構改Ｂ1673）。

設例13　農地の仮登記

設例13
（小問１）　売主Ａ、買主Ｂの間で、平成17年４月１日、転用目的でＡ所有農地をＢに売買する契約が締結されて、同日、Ａ・Ｂは「農地法５条の許可を条件とする所有権移転の仮登記」を行った。しかし、それから10年以上の期間が経過した平成27年６月１日を迎えても、農地法５条の許可申請は行われなかった。その時点で、Ｂは、Ａに対し、農地法５条の許可申請に協力するよう求めることができるか？
（小問２）　前問で、売主Ａは、買主Ｂに対し、仮登記の抹消を請求することができるか？
（小問３）　小問１で、売買目的農地がＢの責めに帰することができない事由によって非農地化していた場合、Ｂは、Ａに対し本登記請求をすることができるか？

解答

小問１について

(1)　仮登記とは

ア　農地の売主Ａと買主Ｂは、Ａが所有する農地について転用目的で売買契約を締結し、農地法５条の許可を条件とする所有権移転の仮登記を行った。

登記は、大きく、**表示に関する登記**と**権利に関する登記**に分けられる。そして、権利に関する登記には、本登記と仮登記がある。

売主Ａ ──────────────→ 買主Ｂ（仮登記権利者）
転用目的の所有権移転の仮登記

本登記は、これを行うと対抗力が発生するのに対し（民177条）、仮登記の場合は、これを行っても対抗力が認められない。

しかし、**仮登記**には、本登記の順位を保全する効力が認められている（不登106条）。これを仮登記の**順位保全の効力**という。**(注)**

例えば、Ａ・Ｂ間で農地売買契約が締結されたが、農地法の許可申請手続は後日行うという約束が成立したとする。ところが、その後になってＡが当該農地をＣに譲渡し、先にＡ・Ｃ間で農地法の許可を受けて、Ｃが所有権移転登記を行ってしまえば、結局、ＢはＣに対抗することはできず（民177条）、当該農地の所有権を取得することはできない。

そこで、設例のように、条件付所有権移転の仮登記をしておけば、仮に、Ａ・Ｂ間で許可を受けられた時期が、Ａ・Ｃ間のそれよりも後れたとしても、上記仮登記を本登記に直すことによって、結果的に、ＢはＣに優先することができる（Ｂが農地の所有権を取得する。）。

(注)

不登106条「仮登記に基づいて本登記（仮登記がされた後、これと同一の不動産についてされる同一の権利についての権利に関する登記であって、当該不動産に係る登記記録に当該仮登記に基づく登記であることが記録されているものをいう。以下同じ。）をした場合は、当該本登記の順位は、当該仮登記の順位による。」

イ　権利に関する登記の一種である仮登記は、原則として、登記義務者と登記権利者が、共同で登記申請する必要がある（不登60条）。

そして、仮登記には、二つの種類があるとされる。不動産登記法105条が定める１号仮登記（**条件不備の仮登記**）および２号仮登記（**請求権保全の仮登記**）の二つである。**(注)**

（注）

不登105条１号「第３条各号に掲げる権利について保存等があった場合において、当該保存等に係る登記の申請をするために登記所に対し提供しなければならない情報であって、第25条第９号の申請情報と併せて提供しなければならないものとされているもののうち法務省令で定めるものを提供することができないとき。」

同条２号「第３条各号に掲げる権利の設定、移転、変更又は消滅に関して請求権（始期付き又は停止条件付きのものその他将来確定することが見込まれるものを含む。）を保全しようとするとき。」

ウ　１号仮登記は、本登記をするために必要な実体的権利変動は生じているが、登記の申請に必要な登記識別情報または第三者の許可書等を提出することができないなどの場合に、順位を保全するために行われる。

例えば、農地の所有権移転登記に必要な都道府県知事の転用許可（５条許可）は受けたが、何らかの事情でその許可書を直ちに提出することができない事情がある場合に、とりあえず仮登記を行っておく場合がこれに当たる。

エ　これに対し、**２号仮登記**の場合は、未だ物権変動は生じていない状態で、物権変動を生じさせる原因となる請求権を保全しようとする場合に行われる。

転用目的の農地売買の場合を例にとると、未だ都道府県知事の転用許可（５条許可）を受けていない段階においては、買主に農地の所有権は移転していない。しかし、買主は、売買契約に基づいて、売主に対し、売買目的農地の所有権を自分に移転するよう求める請求権を有している。

当該請求権は、都道府県知事によって転用許可処分が行われるという停止条件（正確には、「**法定条件**」である。）にかかっていると考えられる。そこで、買主は、所有権移転請求権を保全するために仮登記をするわけである。このように、農地法５条許可を条件とする**条件付所有権移転の**

仮登記をすることが認められている。

⑵　許可申請協力請求権

ア　設例のとおり、農地の買主Ｂと売主Ａの間で、農地法５条の許可を条件とする所有権移転の仮登記が行われている。

農地を転用しようとする場合、転用事業者は、転用許可権者（原則的に都道府県知事であるが、農林水産大臣が指定する市町村の区域内にあっては、指定市町村の長もまた転用許可権限を有する。法４条１項・５条１項）の許可を受ける必要がある。

その場合、当事者は、許可申請書に連署する必要があるため（いわゆる双方申請の原則。規48条１項）、当事者の一方のみの意思で許可申請をすることは、原則的に認められていない。

イ　そのため、最高裁の判例によって、当事者の一方は、他方に対し、転用許可申請手続に協力を求めることができる権利が認められている。これを**許可申請協力請求権**と呼ぶ（設例３「転用届出の効力」小問２参照）。**（注１）**

判例は、許可申請協力請求権は**債権**であるとしているが、債権は、原則として、期間10年の消滅時効にかかって消滅する（民167条１項）。

なお、10年の時効期間は、許可申請協力請求権を有する者が、その権利を行使することができる時から起算する。したがって、原則として、所有権を譲渡する契約（例えば、売買契約、贈与契約等）の場合、契約が成立した時から、10年間が経過することによって時効消滅する。**（注２）**

（注１）

最判昭50年４月11日（民集29・４・417）

「農地について売買契約が成立しても、都道府県知事の許可がなければ農地所有権移転の効力は生じないのであるが、売買契約の成立により、売主は、買主に対して所有権移転の効果を発生させるため買主に協力して右許可申請をすべき義務を負い、また、買主は売主に対して右協力を求める権利（以下、単に許可申請協力請求権という。）を有する。したがって右許可申請協力請求権は、許可により初めて移転する農地所有権に基づく物権的請求権ではなく、また所有権に基づく登記請求権に随伴する権利でもなく、売買契約に基づく債権的請求権であり、民法167条１項の債権に当たると解すべきであって、右請求権は売買契約成立の日から10年の経過により時効によって消滅するといわなければならない。」

（注２）

民166条１項「消滅時効は、権利を行使することができる時から進行する。」

民167条１項「債権は、10年間行使しないときは、消滅する。」

ウ　設例の場合、農地の売買契約が締結された時から起算して10年以上が経過していることから、ＢがＡに対して５条許可申請手続への協力を求めた場合、Ａとしては、二つの選択肢を持つ。

第１に、たとえ10年の消滅時効期間が経過したとしても、時効の完成を主張するか否かはＡの自由であることから（なお、時効の完成を主張することを、**時効の援用**という。）、Ｂの申出を了解し、５条許可申請手続に協力するという場合がある。**(注)**

第２に、これとは反対に、Ａが消滅時効を援用してＢの申出を断るという場合がある。この場合、Ａが許可申請協力請求権の時効消滅を主張する以上、もはやＢとしては、農地法５条の転用許可を受ける可能性がなくなったことを意味する。その場合、後に小問２で取り上げる仮登記の抹消という問題を生ずる。

(注)

民145条「時効は、当事者が援用しなければ、裁判所がこれによって裁判をすることができない。」

エ　ここで問題を整理すると、ある場面において、そもそも許可申請協力請求権の消滅時効の進行が認められるのかという問題と、仮に消滅時効の進行を認めたとしても、具体的事情によっては、時効完成後における時効援用を信義則に反する権利濫用的なものとしてその効力を否定することができるのか、という問題に区別することが可能である。

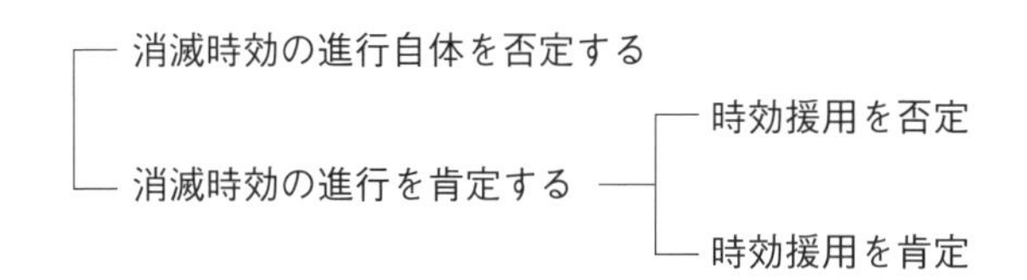

(3)　権利の濫用

ア　このように、売主Aが消滅時効の完成を援用すれば、それが認められるのが原則であるが、例外的に、事情によっては、時効の援用が信義則に反した**権利の濫用**に当たるとされ、時効の援用が否定される場合がある。

これは、民法1条2項が、「権利の行使及び義務の履行は、信義に従い誠実に行わなければならない。」と定め、また、同条3項が、「権利の濫用は、これを許さない。」と定めていることによる。

イ　これに関連する判例をみると、例えば、売主が売買代金の全額に近い金額を受領済みであったが、売買目的農地が市街化調整区域に編入されたため買主が転用許可申請を差し控えていたという事案（東京高判昭60年3月19日判タ556・139）や、同じく、売主が売買代金を全額受領済みであったが、買主が売買目的農地を管理していた事案（東京高判平3年7月11日判時1401・62）において、売主が行った消滅時効の援用を権利濫用として許されないとしたものがある。**（注1）（注2）**

（注1）

東京高判昭60年3月19日（判タ556・139）

「本件土地については、転用を目的として売買が行われたものの、控訴人

［買主］がＴ信用金庫を定年退職するころまでは、農地法５条の許可を受ける必要が実際上なかったものであり、このことはＭ［売主］ないし被控訴人側［Ｍの相続人］においても知っていたところであると認められるうえ、昭和45年には本件土地の市街化調整区域への編入によって、当分の間は右許可の申請をしても許可を受けることが難しい情勢となったのであり、また、控訴人と被控訴人側との間においては、売買後一貫して控訴人が買主であることが明らかであるとされていたことなどを考えると、控訴人が右売買につきこれまで農地法５条の許可申請手続をとることを差し控え、被控訴人らに対して右許可申請についての協力を請求しなかったことも、ある程度無理からぬものがあり、いちがいにその権利の不行使を責めることはできない。他方、被控訴人側としては、売買代金320万円のうち本登記引換分20万円を除いた300万円を既に受領しており、最近に至るまで折にふれて本件土地が控訴人のものであることを控訴人側あるいは第三者に対して積極的に認める言動をし、かつ、同土地の耕作をやめた後は、その所有名義人として固定資産税等を一応負担していたほかは、同土地に対する管理や占有なども全く行っていないものである。このような本件の事実関係を総合勘案すると、被控訴人らが控訴人に対し、前記許可申請協力請求権について消滅時効を援用し、実質的に本件土地の取戻しをはかることは、信義則に反し、権利の濫用として許されないものと解するのが相当である。」

（注２）

東京高判平３年７月11日（判時1401・62）

「本件売買契約は、農地法５条の農地転用を目的とする売買であるところ、当時本件土地が市街化調整区域内にあったことから、同条の許可申請をしても、控訴人の計画する開発事業が県や市の進める地域整備計画と整合したものでない以上、同許可を受けることは事実上極めて困難な情勢にあり、そのため、控訴人は、本件土地取得後、潤井戸地区の開発促進を図るため千葉県や地元市原市に対して再三働きかけるなど、開発計画の実現に向けて種々努力を重ねてきた末、ようやく本件土地が市街化区域に編入されるに至ったものであり、控訴人が本件土地取得後、許可申請手続もせず、漫然と権利行使を怠っていたものではなく、その権利の不行使につき特段責められるべき事情はないこと、他方、Ａおよび被控訴人らは、本件売買代金全額をすべて受領しているほか、本件土地の固定資産税の一部立替え分を補助参加人［Ｔ社］から償還しており、遅くとも控訴人が本件土地の買主たる地位を取得した後は本件土地での耕作を一切放棄し、占有・管理行為もしないまま放置し、控訴人が本件土地を管理していたものであり、かかる諸事情を合わせ考えると、被控訴人が時効利益を放棄したものといえるかに関してはともかく、被控訴人が控訴人に対し、本件許可申請協力請求権について消滅時効が完成したとしてこれを援用し、実質的に本件土地の取戻しをはかることは、信義則に反し権利の濫用として許されないというべきである。」

小問２について

(1)　仮登記の抹消登記手続の請求

ア　条件付所有権移転の仮登記をする主な理由は、前記したとおり、買主Ｂが順位保全の効力によって所有権を確実に得られるようにするためである。ただし、ここでいう「条件」とは、農地法５条の許可を受けるという条件である。

同許可を受けるためには、当事者の一方が、相手方に対し、５条許可申請手続に協力を求め得る状態にあることが必要となる。反対にいえば、５条許可を受けるための許可申請協力請求権が時効消滅すれば、その時点で、条件が成就する可能性は原則的に消滅するに至る（もちろん、権利が時効消滅した場合であっても、相手方が消滅時効を援用するつもりがないときは、条件成就の可能性は残る。）。

イ　そして、許可申請協力請求権が時効消滅すると、売買目的農地の所有権について本登記を求める買主Ｂの権利も消滅することになって、仮登記は、その存在意義を失うに至る。この場合、**仮登記の抹消登記手続請求**の問題を生ずる。

ウ　ここで、売買契約の一方当事者が、消滅時効の援用権を有することは当然であるが（民145条）、これ以外の者についても広く認められている。

例えば、最高裁判例についていえば、売買予約に基づく所有権移転請求権保全の仮登記の経由された不動産について抵当権の設定を受けた者は、予約完結権の消滅時効の援用をすることができるとした事案（最判平２年６月５日判時1357・60）、売買予約に基づく所有権移転請求権保全の仮登記のされた不動産の第三取得者は、予約完結権の消滅時効を援用することができるとした事案（最判平４年３月19日判時1423・77）などがある。**（注１）（注２）**

また、下級審判例においても、仮登記が付いた農地の所有権を取得し、本登記（所有権移転登記）も経由した者が、土地所有権の妨害排除請求権を原因として、仮登記（および移転付記登記）の抹消を求めたところ、これが認められた事案がある（横浜地裁小田原支部平４年３月25日判時1436・32）。**（注３）**

（注１）

最判平２年６月５日（判時1357・60）

「売買予約に基づく所有権移転請求権保全仮登記の経由された不動産につき抵当権の設定を受け、その登記を経由した者は、予約完結権が行使されると、いわゆる仮登記の順位保全効により、仮登記に基づく所有権移転の本登記手続につき承諾義務を負い、結局は抵当権設定登記を抹消される関係にあり［中略］、その反面、予約完結権が消滅すれば抵当権を全うすることができる地位にあるというべきであるから、予約完結権の消滅によって直接利益を受ける者に当たり、その消滅時効を援用することができるものと解するのが相当である。」

（注２）

最判平４年３月19日（判時1423・77）

「売買予約に基づく所有権移転請求権保全仮登記の経由された不動産につき所有権を取得してその旨の所有権移転登記を経由した者は、予約完結権が行使されると、いわゆる仮登記の順位保全効により、仮登記に基づく所有権移転の本登記手続につき承諾義務を負い、結局は所有権移転登記を抹消される関係にあり［中略］、その反面、予約完結権が消滅すれば所有権を全うすることができる地位にあるから、予約完結権の消滅によって直接利益を受ける者に当たり、その消滅時効を援用することができるものと解するのが相当である。」

（注３）

横浜地裁小田原支部平４年３月25日（判時1436・32）

「Mのためになされた昭和37年12月17日売買を原因とする条件付所有権移転仮登記が表示している条件が、農地法３条の許可であることは当事者間に争いがない。仮登記上の権利は、これに基づく本登記手続請求権が存在しないことが確定すると、法律上の存在意義を失うものである。農地法３条の許可を条件とする売買契約の買主は、売主に対して許可申請手続に協力を請求する権利を取得するが、この申請協力請求権は売買契約締結の時から10年の経過によって時効消滅する。申請協力請求権が時効によって消滅すると、売買目的物の所有権の本登記を求め得る可能性がなくなって、本登記手続請求権が存在しないことが確定し、仮登記上の権利は存在意義を失う。［中略］そうすると、売買契約締結の日である昭和37年12月17日から10年の経過による申請協力請求権の時効消滅によって、仮登記上の権利は存在意義を喪失したから、本件土地所有権に基づく妨害排除請求を原因とする別紙登記目録記載の仮登記および移転付記登記の抹消登記手続を求める原告の請求は、その余の判断をするまでもなく理由があるものとして認容する。」

エ　以上のことから、原則として、売主Ａは、買主Ｂに対し、仮登記の抹消を請求することができると解される。

(2)　信義則違反とされる場合

ア　前記したとおり、売主Ａが、農地の売買代金の全額を受領済みであり、かつ、同人が農地の管理を全く行っていないというような事情がみられるときは、Ａによる許可申請協力請求権が時効消滅した旨の主張自体が信義則違反となって、無効とされることもあり得る。

イ　その場合、買主Ｂには、依然として、売主Ａに対する許可申請協力請求権が存在すると考えざるを得ないことになるため、ＡからＢに対する条件付所有権移転の仮登記の抹消請求は、認められないと解される。

しかし、仮に第三者Ｃが、Ａから当該農地の所有権を取得した場合には、Ｃにとっては、ＡがかつてＢから売買代金を全額受領済みであるという事情は原則的に影響が及ばないと考えられる。したがって、ＣからＢに対する仮登記の抹消請求が行われた場合には、特段の事情のない限り、その請求は認められると解される。**(注)**

(注)

東京地判平16年９月28日（金融法務1763・48）

「上記のとおり、所有権移転許可申請協力請求権の消滅時効は完成していると認められるが、本件各土地を原告に売却する前の丙川について検討してみると、丙川は、本件各土地の売買代金全額を受領しており、本件各土地についての２度の根抵当権設定についても異を唱えることはなく、もはや自らの所有地であるとの認識はなかったと認められること［中略］などの事情を総合すれば、丙川が、所有権移転許可申請協力請求権の消滅時効が完成したとしてそれを援用し、本件仮登記抹消のうえ、本件各土地を取り戻すことは、信義則に反し、権利の濫用として許されないというべきである。しかしながら、これを原告について検討してみると、原告は、前記認定の事情のもとに本件各土地を取得した第三者であり、その事情を考えると、原告が所有権移転許可申請協力請求権の消滅時効を援用したとしても、それが信義則に反し、権利の濫用として許されないとまではいえない。」

小問3について

ア　A・B間で、Bのために農地法5条の許可を条件とする所有権移転の仮登記が経由されたが、買主Bに帰責事由のない事情によって売買目的農地が非農地化した場合（例えば、災害によって農地が大量の土砂で埋められて完全に非農地化したような場合をいう。）、A・B間の売買契約は、農地法5条許可がなくても完全に効力を生ずる（設例3「転用届出の効力」小問3参照）。

つまり、農地法5条の許可がなくても、売買契約の効力が生じ、農地の所有権は、AからBに移転する。

イ　この場合、Bは、農地の所有者として、Aに対して本登記手続を請求することができる（最判昭52年10月11日金融法務537・13）。**（注）**

（注）

最判昭52年10月11日（金融法務537・13）

「農地についてその宅地化を目的とする売買契約が成立しても、都道府県知事の許可がなければ農地所有権移転の効力は生じないが、右売買契約は、契約としては有効であるから、その買主は、将来取得すべき右土地の所有権を保全するために条件付所有権移転の仮登記をすることを認められ、また、右契約が完全にその効力を生じたときは、右仮登記に基づく本登記手続請求権を取得するのである。」

設例14　農業者の休業損害、慰謝料等

設例14
（小問１）　いちごの栽培を手掛ける農業者のＡは、横断歩道を渡っている途中で、株式会社Ｂ運送のドライバーＣが運転するトラックに轢かれて重傷を負い、２か月間の入院後、10か月間通院し、事故から１年後に症状が固定した。事故当時、Ａは47歳であったが、症状固定時には48歳になっていた。Ｂ運送は任意保険（損害保険）に入っていたため、損害保険会社の担当者Ｄが窓口となった。損害保険会社が損保料率機構（調査事務所）に事前に後遺障害の等級を調査してもらった結果、第10級10号が認定された。Ａの農業所得は、事故前年が800万円であった。Ａの休業損害額はどのように算定されるか？
（小問２）　慰謝料額についてはどうか？
（小問３）　Ａには、上記の後遺障害が認定された。後遺障害があることで、それがない場合と比べて、賠償額の算定上どのような違いが生ずるか？
（小問４）　損保会社の担当者Ｄは、Ａに対し損保会社としての賠償金額を提示したが、Ａは金額的に不満を感じている。賠償金額を増額させるためにどのような手段があるか？
（小問５）　Ａが訴訟を提起しようとする場合、損害賠償責任を負う者（被告）は誰か？

解答

小問1について

(1) 休業損害とは

ア　農業者Aは、株式会社B運送の運転手Cの運転するトラックに轢かれて重傷を負い、長期間にわたる入通院を余儀なくされた。Aが入院中の期間、同人は農業に全く従事することができないことはもちろんのことであるが、通院中の期間であっても、労働能力が大幅に制限されることが通常である。

イ　**休業損害**とは、事故日から症状固定日までの間において、被害者に事故による減収が生じた場合に、その損害を補償するものである。したがって、現実に減収が生じている必要がある。

ここで、例えば、給与所得者の場合は、勤務先の会社（雇用主）が発行する**休業損害証明書**によって減収の事実を証明することができる。つまり、欠勤が原因で会社が給与を支払わなかった場合、その金額が減収分となる。

他方、農業者のような自営業者の場合は、給与所得者のように第三者によって減収の事実を証明してもらうという方法が使えない。そのため、事故前年の**確定申告額**を基礎収入として、これに適切な休業期間を掛けて算定するという方法による。

ウ　ここで、いつまでの期間が、正当な休業期間として認められるのかという問題を生ずる。この点については、上記したとおり、症状固定日までの期間となる。**症状固定日**とは、被害者の治療に当たった医師（主治医）において、これ以上の治療を行っても、症状が良くも悪くもならないと認めた日であるとされている。

(2) 休業損害の算定

ア　設例の場合、事故前年のAの農業所得は800万円であった。そこで、これを365日で割ると、１日当たり２万1,917円となる。これが、休業損害を計算するための基礎日額となる。

イ　次に、休業期間について検討する。

入院期間の２か月間（60日間）は問題なく100パーセントの割合で休業が認められる。また、通院期間の10か月（300日間）については、被害者本人の事実説明や医師が作成した診断書等の証拠などを基に、適切に判断するほかない。

ここでは、仮に10か月の通院期間のうち、平均して60パーセントの割合で休業を余儀なくされたと算定する。

すると、休業損害額は、次のような金額となる。

日額２万1,917円 × ［60日＋（300日 ×0.6)］＝526万0,080円

小問２について

(1)　慰謝料とは

ア　**慰謝料**とは、精神的苦痛を受けたことによる損害に対する賠償金をいう。被害者であるＡは、本件事故によって、疼痛を主な症状とする著しい苦痛を受けたことは疑いない。また、同人が入通院するに当たって、いろいろな精神的苦痛を感じたこともほぼ間違いない。そのため、精神的な苦痛を慰謝するために、被害者は、加害者に対し、慰謝料を請求することが認められている。

イ　ここで、交通事故が原因となって慰謝料が発生する場合、その種類としておおよそ三つのものがあると考えられる。

一つ目は、**傷害慰謝料**である。これは**入通院慰謝料**と呼ぶこともできる。これは、被害者が、怪我を治療するために医療機関に入通院した場合に発生する。二つ目は、**後遺障害慰謝料**（後遺症慰謝料）である。これは、被害者に後遺障害が残った場合に発生する。三つ目は、**死亡慰謝料**である。これは、被害者が死亡したときに認められる。

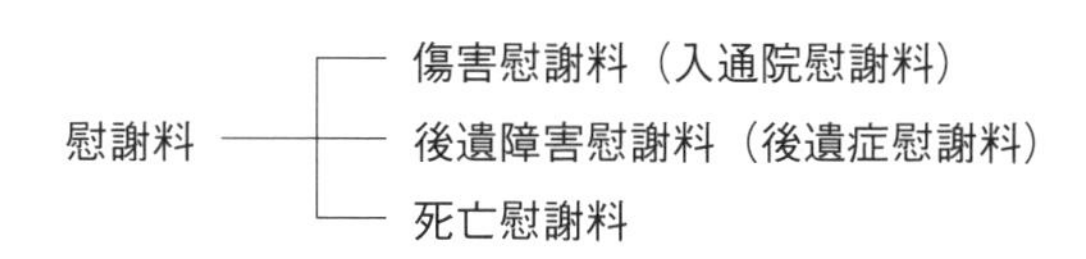

(2)　慰謝料額の決め方

ア　慰謝料の金額について、自賠責保険では、１日当たり4,200円という決まりがあり、また、各損害保険会社においても個別に金額を定めているようである。したがって、設例の損害保険会社においても、社内規定に従って、担当者Ｄから、被害者であるＡに対し、金額の提示が行われるものと考えられる。

イ　しかし、裁判実務においては、現実の裁判を通じて裁判所が認めた金額を用いて慰謝料額を定めることが多い。これが、いわゆる**裁判所基準**と呼ばれるものである（ただし、裁判所が、基準となる金額のデータを公表しているわけではない。そのため、裁判所以外の出版機関が編集した、いわゆる「赤い本」とか「青い本」に最新のデータが記載されることになる。被害者としては、その最新データを入手しておく必要がある。）。

小問３について

(1)　後遺障害とは

ア　事故による怪我の治療が終わった場合、もちろん怪我が元通り完治して、事故前の健康な心身の状態に回復する場合もあるが、場合によっては、**後遺障害**（後遺症）が残ることもある。

交通事故による後遺障害については、**自動車保険料率算定会**（いわゆる調査事務所）が、実質的に障害の有無および仮に障害が残った場合の障害等級を判断している。

イ　具体的にいえば、設例の場合は、加害者である株式会社Ｂ運送が自動車保険（任意保険）に入っていたことから、被害者である農業者Ａは、当該損害保険会社の担当者Ｄとの間で、話合いまたは手続を進めていくことになる。

すなわち、Ａは、入通院先の病院の主治医から、症状固定の時期を迎えているといわれたときは、主治医に対し、**自賠責保険後遺障害診断書**の作成を依頼する。

主治医が同診断書を作成した場合、Ａはその診断書を担当者Ｄに渡し、損害保険会社の方から、自動車保険料率算定会（調査事務所）に対し、同診断書ほかの関係書類を送付する。

ウ　関係書類の送付を受けた自動車保険料率算定会（調査事務所）は、国土交通大臣および内閣総理大臣が定める**支払基準**に従って、Ａについて後遺障害の有無および等級について調査し、その結果を損害保険会社に通知する。

そして、支払基準は、後遺障害の等級の認定について、原則的に労働者災害補償保険における障害の等級基準に準じて行うものとしている。

このようにして、設例においては、被害者Ａについて、後遺障害等級10級10号が認定された。

⑵　後遺障害が認められることによる効果

ア　損害保険会社は、上記の手続に従って、被害者Ａについて、10級10号の認定を受けた（**事前認定**）。これによって、損害保険会社としては、当該等級を前提として、Ａの損害賠償金額を算定し、Ａとの示談交渉に入ることが可能となる。

イ　Ａについて後遺障害の等級認定が行われたことから、次のような効果が発生する。

第１に、**後遺障害慰謝料**（後遺症慰謝料）が発生することである。後遺障害が認定されない場合であっても、少なくとも前記した傷害慰謝料（入通院慰謝料）は発生する。しかし、事故の被害者であるＡに後遺障害が残ると、傷害慰謝料とは別に後遺障害慰謝料も発生することになる。

ウ　第2に、**逸失利益**が発生する。逸失利益とは、事故の被害者であるAの身体（または精神）に後遺障害が残ったことによって生じた労働能力の喪失分を補償するものである。

逸失利益は、原則として、67歳までを就労可能期間（労働能力喪失期間）とみて算定する（ただし、高齢者については、年齢に応じて労働能力喪失期間が定まる。症状固定時に既に67歳を超えているときは、労働能力喪失期間は平均余命年数の2分の1に相当する年数とされる。）。

設例のAの場合、10級10号の障害等級認定がされていることから、27パーセントの労働能力喪失が認められる。

エ　ただ、ここで注意するべき点がある。それは、27パーセントの労働能力喪失率は、上記支払基準によって認定された数値に過ぎないということである。

したがって、Aにおいて、損害保険会社が提示した損害賠償額計算書の内容に異議がない場合には、その数値を基にした賠償額を受け取ることが可能となる。しかし、損害賠償額計算書に記載された金額に異議があり、金額の増額を求めて争う意向を有しているような場合には、以後、数値に変動が生じることがあり得る。

オ　どういうことかといえば、仮に、Aが裁判を提起して裁判所の判決で正当な賠償額を決めてもらおうと考えた場合、被告となった加害者側は、事前認定によって示された労働能力喪失率を争ってくることが多いということである（具体的にいえば、それを下回る数値を主張してくることが多い。設例でいえば、例えば、「労働能力喪失率は27パーセントではなく、20パーセントにすぎない」と主張してくるということである。）。

逆に、被害者側としては、事前認定の結果を上回る労働能力の喪失率を主張することも可能である（例えば、労働能力喪失率は30パーセントであると主張するような場合が、これに当たる。ただし、そのような主張が裁判所で認容されることは、現実的には少ない。)。

小問４について

(1)　損害保険会社の提案を拒否する場合

農業者Ａとしては、損害保険会社の担当者Ｄが提示した損害賠償金額に納得がいかないときは、他の解決法を探す必要がある。

その他の主な解決法として、日弁連交通事故相談センターで示談斡旋を受けるという方法と、裁判所に提訴して裁判所で正当な金額を決めてもらうという二つの方法がある。

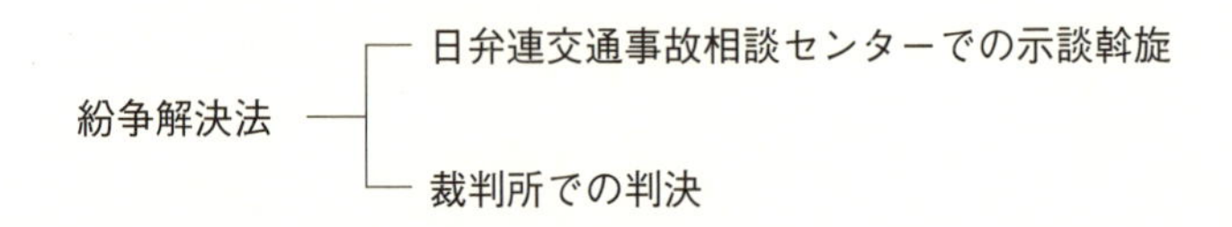

(2)　二つの方法（長所と短所）

ア　第１の方法は、**日弁連交通事故相談センター**で**示談斡旋**を行ってもらい、その場で出された斡旋案を受諾するという方法である。

この場合は、農業者Ａは、地元の弁護士会の窓口（交通事故相談センターの支部）に申立を行う。申立の費用は、原則的に無料である。

申立が受理されるには、いろいろな要件を満たす必要がある。特に、後遺障害等級の認定内容や過失割合について争いがないことが重要である。したがって、申立人Ａと相手方である損保会社との間で、例えば、過失割合について見解の不一致があるというような場合は、申立は受理されない。

イ　示談斡旋は、通常３回以内で終了するものとされている。したがって、比較的短時間のうちに事件が解決することが多い（事件が解決する割合は、地域によって多少異なる。最近では、全申立件数の７割から８割程度は、示談斡旋が成立して事件が解決しているようである。)。

示談斡旋の短所であるが、日弁連交通事故相談センターの担当弁護士から示される斡旋案を受諾するか否かは、申立人または相手方損害保険会社の自由だということである。したがって、申立人においては斡旋案を受諾する意思があっても、損害保険会社の方でこれを拒否した場合は、結局は示談斡旋不成立となって、申立人としては、改めて他の解決方法を模索するほかなくなる（時間と費用が無駄になってしまう。）。

ウ　農業者Ａとしては、上記の示談斡旋を申し立てることも可能であるが、例えば、最初から過失割合について、双方の見解に対立があるような場合は、それを使うことはできない。そこで、第２の方法として、**民事裁判**を提起するという方法がある。

民事裁判とは、文字通り裁判所に対して訴訟を提起し、判決で正当な損害賠償額を決めてもらう方法である。この方法が、被害者にとっては一番有利といってよい。

エ　民事裁判は、農業者Ａが、自分一人だけで起こすことも可能である（いわゆる本人訴訟）。しかし、法的知識に乏しいＡが、自分だけで裁判を適切に進めることは、現実問題として極めて困難である。

オ　そこで、Ａとしては、弁護士を依頼することになる。弁護士を依頼する場合、いわゆる**弁護士費用**がかかる。この弁護士費用とは、着手金と報酬金を指すことが多い。

着手金は、弁護士に事件を依頼するに当たってすぐに支払う必要がある費用である。着手金を支払うことによって、提訴先の裁判所における弁護士活動は、全てその金銭でまかなわれることになる。ただし、法律事務所によっては、遠方の裁判所への交通費、証拠資料のコピー代、事故現場への臨場調査費用（日当）等を別途請求するところもあるので、依頼する前によく確認しておく必要がある。

着手金の額は、通常、訴額(賠償金として加害者に対し支払を求める金額)が増えれば、それに応じて増えるのが通常である。例えば、訴額が1,000万円の場合は、着手金も30万円から50万円程度で済むことが大半であろうが、訴額が、例えば3,000万円になった場合は、着手金も50万円を超えてくることが多いであろう。

カ　報酬金は、事件が終了して、加害者側の損保会社から賠償金の入金があった場合に発生するものである。例えば、裁判が終了して2,000万円の入金があった場合は、原則的に10パーセント程度の報酬金が発生することになる。つまり、2,000万円のうち、その10パーセントに当たる200万円は報酬金として弁護士に支払う必要がある。

(3)　裁判を提起する方が有利な理由

ア　裁判を提起して事件を解決する方が、被害者側にとって有利な理由として、二つのことをあげることができる。

第1に、判決の場合、本来の賠償金のほかに**弁護士費用**が加算される。例えば、純粋の賠償金額が1,800万円であるとした場合、裁判所は、弁護士費用として、その金額の1割に相当する180万円を加算してくれる。つまり、1,800万円＋180万円＝1,980万円の支払いを命じてくれるのである(これに対し、示談の場合は、あくまで1,800万円止まりである。なお、ここでいう「弁護士費用」とは、あくまで、依頼者が受け取ることができる損害賠償金の性格を持つ。)。

第2に、**遅延損害金**が付加される。これは、事故日から、年5パーセントの割合で、遅延利息が付加されるというものである。上記の例で、判決が命じた賠償金額が弁護士費用の180万円を加算した1,980万円であった場合、仮に、事故日からその賠償金の支払日まで丸2年が経過していたときは、実際の受取額は、1,980万円×［1＋(0.05×2年)］＝2,178万円となる。

つまり、事故日から2年後の時点における加害者側損害保険会社からの入金額は、2,178万円となる（したがって、事故日から入金日までの年数が長期になればなるほど、その金額は増大することになる。）。

イ　裁判を提起した場合、被害者側にはこれだけのメリットがある。だからこそ、加害者側とすれば、被害者に裁判を起こされた以上、極限までその支払額を削除できるよう徹底して争ってくるわけである。

なお、裁判に要する期間であるが、通常の交通事故事件であれば、提訴からおおむね１年後には裁判は終了し、それから間もなく判決の言渡しがあるとみてよい。

小問５について

ア　設例の場合、横断歩道を渡っていた農業者Ａをはねたのは、株式会社Ｂ運送の車である。人身事故の場合は、自賠法３条によって**運行供用者責任**が定められており、事故車の運行を現実に支配していた株式会社Ｂが、民事上の賠償責任を負担するとされている。

イ　また、トラックを実際に運転していたドライバーＣ自身も、民法709条によって、別途**不法行為責任**を負う。**（注）**

すなわち、株式会社Ｂ運送は、自賠法３条の運行供用者責任を負い、別途、ドライバーＣは、民法709条によって不法行為責任を負担するということである。そして、双方の責任は、**不真正連帯債務**の関係（双方が賠償金の全額支払義務を負う。）に立つと解される。

（注）

民709条「故意又は過失によって他人の権利又は法律上保護される利益を侵害した者は、これによって生じた損害を賠償する責任を負う。」

判例年次索引

昭和28年

9．25　最高裁　　民集7.9.979
……20

昭和30年

6．24　最高裁　　民集9.7.930
……108

昭和32年

9．6　静岡地　　行集8.9.1546
……40

昭和33年

9．9　最高裁　　民集12.13.1949
……96

昭和34年

9．22　最高裁　　民集13.11.1426
……121

昭和35年

7．8　最高裁　　民集14.9.1731
……6

昭和36年

3．7　最高裁　　民集15.3.381
……41

4．20　最高裁　　民集15.4.774
……26

昭和38年

9．2　最高裁　　民集17.8.1006
……76

11．12　最高裁　　民集17.11.1545
……73

昭和41年

9．20　最高裁　　金融商事29.11
……60

昭和42年

4．7　最高裁　　民集21.3.572
……122

10．27　最高裁　　民集21.8.2171
……37

11．10　最高裁　　訟月14.4.344
……55

11．29　東京高　　東高民報18.11.185
……75

昭和43年

11．21　最高裁　　民集22.12.2741
……21

昭和44年

10．31　最高裁　　民集23.10.1932
……37

昭和45年

6．18　最高裁　　判時600.83
……137

昭和46年

5．25　名古屋地　　判タ265.169
……58

10．28　最高裁　　民集25.7.1037
……109

昭和47年

10．31　名古屋高　　判時698.66
……57

昭和48年
4．26　最高裁　民集27.3.629 ……42
5．25　最高裁　民集27.5.667 ……29

昭和49年
3．19　最高裁　民集28.2.325 ……8

昭和50年
4．11　最高裁　民集29.4.417 ……34・128・145
9．22　名古屋地　判時806.32 ……33
9．25　最高裁　民集29.8.1320 ……135

昭和52年
3．3　最高裁　民集31.2.157 ……137
10．11　最高裁　金融法務537.13 ……153
12．20　最高裁　民集31.7.1101 ……108

昭和53年
6．16　最高裁　刑集32.4.605 ……107

昭和57年
7．15　最高裁　民集36.6.246 ……73

昭和58年
2．4　静岡地　判時1079.80 ……68
11．17　東京高　訟月30.6.969 ……47

昭和59年
5．25　最高裁　民集38.7.764 ……139

昭和60年
3．19　東京高　判タ556.139 ……147
7．16　最高裁　民集39.5.989 ……65

昭和61年
10．29　名古屋高　判時1225.68 ……35

昭和63年
6．17　最高裁　判時1289.39 ……83

平成2年
6．5　最高裁　判時1357.60 ……150

平成3年
2．14　前橋地　訟月37.4.743 ……25
7．11　東京高　判時1401.62 ……148

平成4年
3．19　最高裁　判時1423.77 ……151
3．25　横浜地小田原支部　判時1436.32 ……151
10．29　最高裁　民集46.7.1174 ……110・123

平成5年
3．11　最高裁　民集47.4.2863 ……69

平成６年
２．８　最高裁　民集48.2.255 ……122

平成７年
２．22　最高裁　刑集49.2.1 ……62

平成８年
３．８　最高裁　民集50.3.469 ……110

平成10年
７．16　最高裁　判時1652.52 ……116

平成11年
１．21　最高裁　判時1675.48 ……70
３．31　東京高　判時1689.51 ……86

平成13年
６．14　東京高　判時1757.51 ……114
10．26　最高裁　民集55.6.1001 ……137

平成16年
９．７　東京高　判時1905.68 ……82
９．28　東京地　金融法務1763.48 ……152

平成17年
３．10　最高裁　判時1895.60 ……23

平成18年
11．２　最高裁　民集60.9.3249 ……107

平成19年
３．７　岐阜地　最高裁ホームページ ……39

平成20年
２．19　最高裁　民集62.2.445 ……70

平成25年
２．20　さいたま地　判時2196.88 ……67
７．18　名古屋地　最高裁ホームページ ……101

平成26年
７．29　最高裁　判時2246.10 ……99
11．27　大阪高　判時2247.32 ……68

事項索引

資　料

（巻末より始まります）

ついては、なお従前の例による。

(政令への委任)

第八条　附則第二条から前条までに規定するもののほか、この法律の施行に関し必要な経過措置（罰則に関する経過措置を含む。）は、政令で定める。

附　則〔平成二七年九月四日法律第六三号抄〕

(施行期日)

第一条　この法律は、平成二十八年四月一日から施行する。

〔ただし書略〕

(罰則に関する経過措置)

第百十四条　この法律の施行前にした行為並びにこの附則の規定によりなお従前の例によることとされる場合及びこの附則の規定によりなおその効力を有することとされる場合におけるこの法律の施行後にした行為に対する罰則の適用については、なお従前の例による。

(政令への委任)

第百十五条　この附則に定めるもののほか、この法律の施行に関し必要な経過措置（罰則に関する経過措置を含む。）は、政令で定める。

ついては、なお従前の例による。

3　不服申立てに対する行政庁の裁決、決定その他の行為の取消しの訴えであって、この法律の施行前に提起されたものについては、なお従前の例による。

（罰則に関する経過措置）

第九条　この法律の施行前にした行為並びに附則第五条及び前二条の規定によりなお従前の例によることとされる場合におけるこの法律の施行後にした行為に対する罰則の適用については、なお従前の例による。

附　則〔平成二七年六月二六日法律第五〇号抄〕

（施行期日）

第一条　この法律は、平成二十八年四月一日から施行する。〔ただし書略〕

（処分、申請等に関する経過措置）

第六条　この法律（附則第一条各号に掲げる規定については、当該各規定。以下この条及び次条において同じ。）の施行前にこの法律による改正前のそれぞれの法律の規定によりされた許可等の処分その他の行為（以下この項において「処分等の行為」という。）又はこの法律の施行の際現にこの法律による改正前のそれぞれの法律の規定によりされている許可等の申請その他の行為（以下この項において「申請等の行為」という。）で、この法律の施行の日においてこれらの行為に係る行政事務を行うべき者が異なることとなるものは、附則第二条から前条までの規定又は附則第八条の規定に基づく政令の規定に定めるものを除き、この法律の施行の日以後におけるこの法律による改正後のそれぞれの法律の適用については、この法律による改正後のそれぞれの法律の相当規定によりされた処分等の行為又は申請等の行為とみなす。

2　この法律の施行前にこの法律による改正前のそれぞれの法律の規定により国又は地方公共団体の機関に対し報告、届出、提出その他の手続をしなければならない事項で、この法律の施行の日前にその手続がされていないものについては、附則第二条から前条までの規定又は附則第八条の規定に基づく政令の規定に定めるもののほか、これを、この法律による改正後のそれぞれの法律の相当規定により国又は地方公共団体の相当の機関に対して報告、届出、提出その他の手続をしなければならない事項についてその手続がされていないものとみなして、この法律による改正後のそれぞれの法律の規定を適用する。

（罰則に関する経過措置）

第七条　この法律の施行前にした行為に対する罰則の適用に

附則〔平成二六年五月三〇日法律第四二号抄〕

（施行期日）

第一条　この法律は、公布の日から起算して二年を超えない範囲内において政令で定める日から施行する。

注　平成二七年政令二九号により、平成二八年四月一日から施行

附則〔平成二六年六月四日法律第五一号抄〕

（施行期日）

第一条　この法律は、平成二十七年四月一日から施行する。

（罰則に関する経過措置）

第八条　この法律の施行前にした行為に対する罰則の適用については、なお従前の例による。

（政令への委任）

第九条　附則第二条から前条までに規定するもののほか、この法律の施行に関し必要な経過措置（罰則に関する経過措置を含む。）は、政令で定める。

附則〔平成二六年六月一三日法律第六九号抄〕

（施行期日）

第一条　この法律は、行政不服審査法（平成二十六年法律第六十八号）の施行の日から施行する。

（経過措置の原則）

第五条　行政庁の処分その他の行為又は不作為についての不服申立てであってこの法律の施行前にされた行政庁の処分その他の行為又はこの法律の施行前にされた申請に係る行政庁の不作為に係るものについては、この附則に特別の定めがある場合を除き、なお従前の例による。

（訴訟に関する経過措置）

第六条　この法律による改正前の法律の規定により不服申立てに対する行政庁の裁決、決定その他の行為を経た後でなければ訴えを提起できないこととされる事項であって、当該不服申立てを提起しないでこの法律の施行前にこれを提起すべき期間を経過したもの（当該不服申立てが他の不服申立てに対する行政庁の裁決、決定その他の行為を経た後でなければ提起できないとされる場合にあっては、当該他の不服申立てを提起しないでこの法律の施行前にこれを提起すべき期間を経過したものを含む。）の訴えの提起については、なお従前の例による。

2　この法律の規定による改正前の法律の規定（前条の規定によりなお従前の例によることとされる場合を含む。）により異議申立てが提起された処分その他の行為であって、この法律の規定による改正後の法律の規定により審査請求に対する裁決を経た後でなければ取消しの訴えを提起することができないこととされるものの取消しの訴えの提起に

第六十九条　第三条の三の規定に違反して、届出をせず、又は虚偽の届出をした者は、十万円以下の過料に処する。

附　則

（施行期日）

1　この法律の施行期日は、公布の日から起算して六箇月を超えない期間内で政令で定める。

（農林水産大臣に対する協議）

2　都道府県知事は、当分の間、次に掲げる場合には、あらかじめ、農林水産大臣に協議しなければならない。

一　同一の事業の目的に供するため二ヘクタールを超える農地を農地以外のものにする行為（地域整備法の定めるところに従つて農地を農地以外のものにする行為で第四条第一項の政令で定める要件に該当するものを除く。次号において同じ。）に係る同項の許可をしようとする場合

二　同一の事業の目的に供するため二ヘクタールを超える農地を農地以外のものにする行為に係る第四条第五項の協議を成立させようとする場合

三　同一の事業の目的に供するため二ヘクタールを超える農地又はその農地と併せて採草放牧地について第三条第一項本文に掲げる権利を取得する行為（地域整備法の定めるところに従つてこれらの権利を取得する行為で第五条第一項の政令で定める要件に該当するものを除く。次号において同じ。）に係る第五条第一項の許可をしようとする場合

四　同一の事業の目的に供するため二ヘクタールを超える農地又はその農地と併せて採草放牧地について第三条第一項本文に掲げる権利を取得する行為に係る第五条第四項の協議を成立させようとする場合

注　平成二七年六月二六日法律第五〇号により改正され、平成二八年四月一日から施行

附則第二項中「都道府県知事」を「都道府県知事等」に改め、同項第一号中「二ヘクタール」を「四ヘクタール」に、「地域整備法」を「農村地域工業等導入促進法（昭和四十六年法律第百十二号）その他の地域の開発又は整備に関する法律で政令で定めるもの（第三号において「地域整備法」という。）」に改め、「第四条第一項の」を削り、「同項」を「第四条第一項」に改め、同項第二号中「二ヘクタール」を「四ヘクタール」に改め、同項第三号中「二ヘクタール」を「四ヘクタール」に、「第五条第一項の政令」を「政令」に改め、同項第四号中「二ヘクタール」を「四ヘクタール」に改める。

業が家族農業経営、法人による農業経営等の経営形態が異なる農業者や様々な経営規模の農業者など多様な農業者により、及びその連携の下に担われていること等を踏まえ、農業の経営形態、経営規模等についての農業者の主体的な判断に基づく様々な農業に関する取組を尊重するとともに、地域における貴重な資源である農地が地域との調和を図りつつ農業上有効に利用されるよう配慮しなければならない。

第六章　罰則

第六十四条　次の各号のいずれかに該当する者は、三年以下の懲役又は三百万円以下の罰金に処する。

一　第三条第一項、第四条第一項、第五条第一項又は第十八条第一項の規定に違反した者

二　偽りその他不正の手段により、第三条第一項、第四条第一項、第五条第一項又は第十八条第一項の許可を受けた者

三　第五十一条第一項の規定による農林水産大臣又は都道府県知事の命令に違反した者

注　平成二七年六月二六日法律第五〇号により改正され、平成二八年四月一日から施行

第六十四条第三号中「農林水産大臣又は都道府県知事」を「都道府県知事等」に改める。

第六十五条　第四十九条第一項の規定による職員の調査、測量、除去又は移転を拒み、妨げ、又は忌避した者は、六月以下の懲役又は三十万円以下の罰金に処する。

第六十六条　第四十四条第一項の規定による市町村長の命令に違反した者は、三十万円以下の罰金に処する。

第六十七条　法人の代表者又は法人若しくは人の代理人、使用人その他の従業者が、その法人又は人の業務又は財産に関し、次の各号に掲げる規定の違反行為をしたときは、行為者を罰するほか、その法人に対して当該各号に定める罰金刑を、その人に対して各本条の罰金刑を科する。

一　第六十四条第一号若しくは第二号（これらの規定中第四条第一項又は第五条第一項に係る部分に限る。）又は第三号　一億円以下の罰金刑

二　第六十四条（前号に係る部分を除く。）又は前二条　各本条の罰金刑

第六十八条　第六条第一項の規定に違反して、報告をせず、又は虚偽の報告をした者は、三十万円以下の過料に処する。

処理することとされている事務
十五　第四十四条の規定により市町村が処理することとされている事務
十六　第四十九条第一項、第三項及び第五項並びに第五十条の規定により都道府県等が処理することとされている事務（第二号、第八号及び次号に掲げる事務に係るものに限る。）
十七　第五十一条の規定により都道府県等が処理することとされている事務（第二号及び第八号に掲げる事務に係るものに限る。）
十八　第五十一条の二の規定により都道府県又は市町村が処理することとされている事務
十九　第五十二条から第五十二条の三までの規定により市町村が処理することとされている事務
2　この法律の規定により市町村が処理することとされている事務のうち、次に掲げるものは、地方自治法第二条第九項第二号に規定する第二号法定受託事務とする。
一　第四条第一項第七号の規定により市町村（指定市町村を除く。）が処理することとされている事務（同一の事業の目的に供するため四ヘクタールを超える農地を農地以外のものにする行為に係るものを除く。）
二　第四条第三項の規定により市町村（指定市町村を除く。）が処理することとされている事務（申請書を送付する事務（同一の事業の目的に供するため四ヘクタールを超える農地を農地以外のものにする行為に係るものを除く。）に限る。）
三　第五条第一項第六号の規定により市町村（指定市町村を除く。）が処理することとされている事務（同一の事業の目的に供するため四ヘクタールを超える農地又はその農地と併せて採草放牧地について第三条第一項本文に掲げる権利を取得する行為に係るものを除く。）
四　第五条第三項において準用する第四条第三項の規定により市町村（指定市町村を除く。）が処理することとされている事務（申請書を送付する事務（同一の事業の目的に供するため四ヘクタールを超える農地又はその農地と併せて採草放牧地について第三条第一項本文に掲げる権利を取得する行為に係るものを除く。）に限る。）

（運用上の配慮）
第六十三条の二　この法律の運用に当たつては、我が国の農

村が処理することとされている事務

六　第四条第九項の規定により都道府県等が処理することとされている事務（意見を聴く事務（同一の事業の目的に供するため四ヘクタールを超える農地を農地以外のものにする行為に係るものを除く。）に限る。）

七　第四条第九項の規定により市町村が処理することとされている事務（意見を述べる事務に限る。）

八　第五条第一項及び第四項の規定並びに同条第三項において準用する第四条第二項の規定により都道府県等が処理することとされている事務（同一の事業の目的に供するため四ヘクタールを超える農地又はその農地と併せて採草放牧地について第三条第一項本文に掲げる権利を取得する行為に係るものを除く。）

九　第五条第三項において準用する第四条第三項の規定により市町村が処理することとされている事務（意見を付する事務に限る。）

十　第五条第三項において準用する第四条第三項の規定により市町村（指定市町村に限る。）が処理することとされている事務（申請書を送付する事務（同一の事業の目的に供するため四ヘクタールを超える農地又はその農地と併せて採草放牧地について第三条第一項本文に掲げる権利を取得する行為に係るものを除く。）に限る。）

十一　第五条第三項において読み替えて準用する第四条第四項及び第五項の規定並びに第五条第五項において読み替えて準用する第四条第十項において読み替えて準用する同条第四項及び第五項の規定により市町村が処理することとされている事務

十二　第五条第五項において準用する第四条第九項の規定により都道府県等が処理することとされている事務（意見を聴く事務（同一の事業の目的に供するため四ヘクタールを超える農地又はその農地と併せて採草放牧地について第三条第一項本文に掲げる権利を取得する行為に係るものを除く。）に限る。）

十三　第五条第五項において準用する第四条第九項の規定により市町村が処理することとされている事務（意見を述べる事務に限る。）

十四　第三十条、第三十一条、第三十二条第一項、同条第二項から第五項まで（これらの規定を第三十三条第二項において準用する場合を含む。）、第三十三条第一項、第三十四条、第三十五条第一項及び第三項、第三十六条並びに第四十三条第一項の規定により市町村が項第二号に規定する第二号法定受託事務とする。

一　第四条第一項第七号の規定により市町村が処理することとされている事務（同一の事業の目的に供するため二ヘクタールを超える農地を農地以外のものにする行為に係るものを除く。）

二　第五条第一項第六号の規定により市町村が処理することとされている事務（同一の事業の目的に供するため二ヘクタールを超える農地又はその農地と併せて採草放牧地について第三条第一項本文に掲げる権利を取得する行為に係るものを除く。）

注　平成二七年六月二六日法律第五〇号により改正され、平成二八年四月一日から施行

第六十三条第一項第二号及び第三号中「都道府県」を「都道府県等」に、「二ヘクタール」を「四ヘクタール」に改め、同項第六号及び第七号中「都道府県」を「都道府県等」に改め、同条第二項各号中「市町村」の下に「（指定市町村を除く。）」を加え、「二ヘクタール」を「四ヘクタール」に改める。

注　平成二七年九月四日法律第六三号により改正され、平成二八年四月一日から施行

（事務の区分）

第六十三条　この法律の規定により都道府県又は市町村が処理することとされている事務のうち、次の各号及び次項各号に掲げるもの以外のものは、地方自治法第二条第九項第一号に規定する第一号法定受託事務とする。

一　第三条第四項の規定により市町村が処理することとされている事務（同項の規定により農業委員会が処理することとされている事務を除く。）

二　第四条第一項、第二項及び第八項の規定により都道府県等が処理することとされている事務（同一の事業の目的に供するため四ヘクタールを超える農地を農地以外のものにする行為に係るものを除く。）

三　第四条第三項の規定により市町村が処理することとされている事務（意見を付する事務に限る。）

四　第四条第三項の規定により市町村（指定市町村に限る。）が処理することとされている事務（申請書を送付する事務（同一の事業の目的に供するため四ヘクタールを超える農地を農地以外のものにする行為に係るものを除く。）に限る。）

五　第四条第四項及び第五項（これらの規定を同条第十項において準用する場合を含む。）の規定により市町

林水産省令で定めるところにより、その一部を地方農政局長に委任することができる。

（事務の区分）

第六十三条　この法律の規定により都道府県又は市町村が処理することとされている事務のうち、次の各号及び次項各号に掲げるもの以外のものは、地方自治法第二条第九項第一号に規定する第一号法定受託事務とする。

一　第三条第四項の規定により市町村が処理することとされている事務（同項の規定により農業委員会が処理することとされている事務を除く。）

二　第四条第一項、第三項（同条第六項において準用する場合を含む。）及び第五項の規定により都道府県が処理することとされている事務（同一の事業の目的に供するため二ヘクタールを超える農地を農地以外のものにする行為に係るものを除く。）

三　第五条第一項及び第四項の規定並びに同条第三項及び第五項において準用する第四条第三項の規定により都道府県が処理することとされている事務（同一の事業の目的に供するため二ヘクタールを超える農地又はその農地と併せて採草放牧地について第三条第一項本文に掲げる権利を取得する行為に係るものを除く。）

四　第三十条、第三十一条、第三十二条第一項、同条第二項から第五項まで（これらの規定を第三十三条第二項において準用する場合を含む。）、第三十三条第一項、第三十四条、第三十五条第一項及び第三項、第三十六条並びに第四十三条第一項の規定により市町村が処理することとされている事務

五　第四十四条の規定により市町村が処理することとされている事務

六　第四十九条第一項、第三項及び第五項並びに第五十条の規定により都道府県が処理することとされている事務（第二号、第三号及び次号に掲げる事務に係るものに限る。）

七　第五十一条の規定により都道府県が処理することとされている事務（第二号及び第三号に掲げる事務に係るものに限る。）

八　第五十一条の二の規定により都道府県又は市町村が処理することとされている事務

九　第五十二条から第五十二条の三までの規定により市町村が処理することとされている事務

2　この法律の規定により市町村が処理することとされている事務のうち、次に掲げるものは、地方自治法第二条第九

（大都市の特例）

第五十九条の二　第十八条第一項及び第三項の規定により都道府県が処理することとされている事務並びにこれらの事務に係る第四十九条第一項、第三項及び第五項並びに第五十条の規定により都道府県が処理することとされている事務のうち、指定都市の区域内にある農地又は採草放牧地に係るものについては、当該指定都市が処理するものとする。この場合においては、この法律中前段に規定する事務に係る都道府県又は都道府県知事に関する規定は、指定都市又は指定都市の長に関する規定として指定都市又は指定都市の長に適用があるものとする。

（農業委員会に関する特例）

第六十条　農業委員会等に関する法律第三条第一項ただし書又は第五項の規定により、農業委員会が置かれていない市町村についてのこの法律（第二十五条を除く。以下この項において同じ。）の適用については、この法律中「農業委員会」とあるのは、「市町村長」と読み替えるものとする。

2　農業委員会等に関する法律第三条第二項の規定により二以上の農業委員会が置かれている市町村についてのこの法律の適用については、この法律中「市町村の区域」とあるのは、「農業委員会の区域」と読み替えるものとする。

（特別区等の特例）

第六十一条　この法律中市町村又は市町村長に関する規定（指定都市にあつては、第三条第四項を除く。）は、特別区のある地にあつては特別区又は特別区の区長に、指定都市（農業委員会等に関する法律第三十五条第二項の規定により区ごとに農業委員会を置かないこととされたものを除く。）にあつては区又は区長に適用する。

注　平成二六年五月三〇日法律第四二号により改正され、平成二八年四月一日から施行

第六十一条中「により区」の下に「（総合区を含む。以下この条において同じ。）」を加える。

第六十一条中「又は区長」の下に「（総合区長を含む。）」を加える。

注　平成二七年九月四日法律第六三号により改正され、平成二八年四月一日から施行

第六十一条中「第三十五条第二項」を「第四十一条第二項」に改める。

（権限の委任）

第六十二条　この法律に規定する農林水産大臣の権限は、農

とされている事務（同一の事業の目的に供するため二ヘクタールを超える農地又はその農地と併せて採草放牧地について第三条第一項本文に掲げる権利を取得する行為に係るものを除く。）

2　農林水産大臣は、前項各号に掲げる都道府県知事の事務を地方自治法第二百五十二条の十七の二第一項の条例の定めるところにより市町村が処理することとされた場合において、当該市町村の当該事務の処理が農地又は採草放牧地の確保に支障を生じさせていることが明らかであるとして同法第二百四十五条の五第二項の指示を行うときは、当該市町村が講ずべき措置の内容を示して行うものとする。

注　平成二七年六月二六日法律第五〇号により改正され、平成二八年四月一日から施行

第五十九条第一項第一号中「第四条第一項」の下に「及び第五項」を加え、「二ヘクタール」を「四ヘクタール」に改め、同項第二号中「第五条第一項」の下に「及び第四項」を加え、「二ヘクタール」を「四ヘクタール」に改め、同条第二項中「前項各号に掲げる都道府県知事の事務を地方自治法第二百五十二条の十七の二第一項の条例の定めるところにより市町村が処理することとされた場合において、当該市町村の当該」を「次に掲げる市町村の」に、「同法」を「地方自治法」に改め、同項に次の各号を加える。

一　第四条第一項及び第五項の規定により指定市町村の長が処理することとされている事務（同一の事業の目的に供するため四ヘクタールを超える農地を農地以外のものにする行為に係るものを除く。）

二　第五条第一項及び第四項の規定により指定市町村の長が処理することとされている事務（同一の事業の目的に供するため四ヘクタールを超える農地又はその農地と併せて採草放牧地について第三条第一項本文に掲げる権利を取得する行為に係るものを除く。）

三　前項各号に掲げる都道府県知事の事務を地方自治法第二百五十二条の十七の二第一項の条例の定めるところにより市町村が処理することとされた場合における当該市町村の当該事務

注　平成二七年九月四日法律第六三号により改正され、平成二八年四月一日から施行

第五十九条第一項第一号及び第二項第一号中「第五項」を「第八項」に改める。

第五十八条　農林水産大臣は、この法律の目的を達成するため特に必要があると認めるときは、この法律に規定する農業委員会の事務（第六十三条第一項第四号、第八号及び第九号並びに第二項各号に掲げるものを除く。）の処理に関し、農業委員会に対し、必要な指示をすることができる。

2　農林水産大臣は、この法律の目的を達成するため特に必要があると認めるときは、この法律に規定する都道府県知事の事務（第六十三条第一項第二号、第三号、第六号から第八号までに掲げるものを除く。次項において同じ。）の処理に関し、都道府県知事に対し、必要な指示をすることができる。

3　農林水産大臣は、都道府県知事が前項の指示に従わないときは、この法律に規定する都道府県知事の事務を処理することができる。

4　農林水産大臣は、前項の規定により自ら処理するときは、その旨を告示しなければならない。

注　平成二七年六月二六日法律第五〇号により改正され、平成二八年四月一日から施行

第五十八条第一項中「第六十三条第一項第四号」を「第六十三条第一項第二号から第四号まで」に改め、同条第二項及び第三項中「都道府県知事」の下に「又は指定市町村の長」を加える。

注　平成二七年九月四日法律第六三号により改正され、平成二八年四月一日から施行

第五十八条第一項中「第四号まで、第八号及び第九号」を「第五号まで、第七号から第十一号まで、第十三号、第十四号、第十八号及び第十九号」に改め、同条第二項中「第三号、第六号から第八号まで」を「第六号、第八号、第十二号及び第十六号から第十八号まで」に改める。

（是正の要求の方式）

第五十九条　農林水産大臣は、次に掲げる都道府県知事の事務の処理が農地又は採草放牧地の確保に支障を生じさせていることが明らかであるとして地方自治法第二百四十五条の五第一項の規定による求めを行うときは、当該都道府県知事が講ずべき措置の内容を示して行うものとする。

一　第四条第一項の規定により都道府県知事が処理することとされている事務（同一の事業の目的に供するため二ヘクタールを超える農地を農地以外のものにする行為に係るものを除く。）

二　第五条第一項の規定により都道府県知事が処理するこ

三　第四十三条第二項において読み替えて準用する第三十九条第二項第四号に規定する補償金

2　前項第一号に掲げる対価の額についての同項の訴えにおいては国を、同項第二号に掲げる借賃の額についての同項の訴えにおいては農地中間管理機構又は第三十七条の規定による申請に係る農地の所有者等を、同項第三号に掲げる補償金の額についての同項の訴えにおいては農地中間管理機構又は第四十三条第一項の規定による申請に係る農地の所有者等を、それぞれ被告とする。

3　第一項第一号に掲げる対価につきこれを増額する判決が確定した場合において、増額前の対価が第十条第二項（第十二条第二項において準用する場合を含む。）の規定により供託されているときは、国は、その増額に係る対価を供託しなければならず、また、この場合においては、第十条第三項の規定を準用する。

4　第十一条第二項の規定は、前項の規定により供託された対価について準用する。

（土地の面積）

第五十六条　この法律の適用については、土地の面積は、登記簿の地積による。ただし、登記簿の地積が著しく事実と相違する場合及び登記簿の地積がない場合には、実測に基づき、農業委員会が認定したところによる。

（換地予定地に相当する従前の土地の指定）

第五十七条　第七条第一項の規定による買収をする場合において、その買収の対象となるべき農地を明らかにするため特に必要があるときは、農林水産大臣は、旧耕地整理法（明治四十二年法律第三十号）に基づく耕地整理、土地区画整理法施行法（昭和二十九年法律第百二十号）第三条第一項若しくは第四条第一項に規定する土地区画整理若しくは土地改良法に基づく土地改良事業に係る規約又は同法第五十三条の五第一項（同法第九十六条及び第九十六条の四第一項において準用する場合を含む。）若しくは第八十九条の二第六項若しくは土地区画整理法（昭和二十九年法律第百十九号）第九十八条第一項の規定によつて、換地処分の発効前に従前の土地に代えて使用又は収益をすることができるものとして指定された土地又はその土地の部分に相当する従前の土地又は土地の部分を地目、地積、土性等を考慮して指定することができる。

2　農林水産大臣は、前項の規定による指定をしたときは、その指定の内容を遅滞なく農業委員会に通知しなければならない。

（指示及び代行）

等調整委員会に対して裁定の申請をすることができる。
3　第七条第二項又は第六項の規定による公示については、行政不服審査法（昭和三十七年法律第百六十号）による不服申立てをすることができない。前項の規定により裁定の申請をすることができる処分についても、同様とする。
4　行政不服審査法第十八条の規定は、前項後段の処分につき、処分庁が誤つて審査請求又は異議申立てをすることができる旨を教示した場合に準用する。

注　平成二六年六月一三日法律第六九号により改正され、行政不服審査法（平成二六年法律第六八号）の施行の日から施行

第五十三条第一項中「についての異議申立て」を削る。
第五十三条第三項中「行政不服審査法（昭和三十七年法律第百六十号）による不服申立て」を「審査請求」に改める。
第五十三条第四項中「行政不服審査法第十八条」を「行政不服審査法（平成二十六年法律第六十八号）第二十二条」に改める。
第五十三条第四項中「処分庁」を「処分した行政庁」に改める。
第五十三条第四項中「異議申立て」を「再調査の要求」に改める。

（不服申立てと訴訟との関係）
第五十四条　この法律に基づく処分（不服申立てをすることができない処分を除く。）の取消しの訴えは、当該処分についての審査請求又は異議申立てに対する裁決又は決定を経た後でなければ、提起することができない。
2　第五十一条第一項の規定による処分については、行政手続法（平成五年法律第八十八号）第二十七条第二項の規定は、適用しない。

注　平成二六年六月一三日法律第六九号により改正され、行政不服審査法（平成二六年法律第六八号）の施行の日から施行

第五十四条を次のように改める。
第五十四条　削除

（対価等の額の増減の訴え）
第五十五条　次に掲げる対価、借賃又は補償金の額に不服がある者は、訴えをもつて、その増減を請求することができる。ただし、これらの対価、借賃又は補償金に係る処分のあつた日から六月を経過したときは、この限りでない。
一　第九条第一項第三号（第十二条第二項において準用する場合を含む。）に規定する対価
二　第三十九条第二項第四号に規定する借賃

ものとし、農業委員会は、農地台帳の正確な記録を確保するよう努めるものとする。

4　前三項に規定するもののほか、農地台帳に関し必要な事項は、農林水産省令で定める。

（農地台帳及び農地に関する地図の公表）

第五十二条の三　農業委員会は、農地に関する情報の活用の促進を図るため、第五十二条の規定による農地に関する情報の提供の一環として、農地台帳に記録された事項（公表することにより個人の権利利益を害するものその他の公表することが適当でないものとして農林水産省令で定めるものを除く。）をインターネットの利用その他の方法により公表するものとする。

2　農業委員会は、農地に関する情報の活用の促進に資するよう、農地台帳のほか、農地に関する地図を作成し、これをインターネットの利用その他の方法により公表するものとする。

3　前条第二項から第四項までの規定は、前項の地図について準用する。

注　平成二七年九月四日法律第六三号により改正され、平成二八年四月一日から施行

第五十二条の三の次に次の一条を加える。

（違反転用に対する措置の要請）

第五十二条の四　農業委員会は、必要があると認めるときは、都道府県知事等に対し、第五十一条第一項の規定による命令その他必要な措置を講ずべきことを要請することができる。

（不服申立て）

第五十三条　第九条第一項（第十二条第二項において準用する場合を含む。）の規定による買収令書の交付についての異議申立て又は第三十九条第一項（第四十三条第二項において読み替えて準用する場合を含む。）の裁定についての審査請求においては、その対価、借賃又は補償金の額についての不服をその処分についての不服の理由とすることができない。ただし、第四十三条第二項において読み替えて準用する第三十九条第一項の裁定を受けた者がその裁定に係る農地の所有者等を確知することができないことにより第五十五条第一項の訴えを提起することができない場合は、この限りでない。

2　第四条第一項又は第五条第一項の規定による許可に関する処分に不服がある者は、その不服の理由が鉱業、採石業又は砂利採取業との調整に関するものであるときは、公害

注　平成二七年六月二六日法律第五〇号により改正され、平成二八年四月一日から施行

第五十一条第一項、第三項及び第四項中「農林水産大臣又は都道府県知事」を「都道府県知事等」に改める。

（農地に関する情報の利用等）

第五十一条の二　都道府県知事、市町村長及び農業委員会は、その所掌事務の遂行に必要な限度で、その保有する農地に関する情報を、その保有に当たつて特定された利用の目的以外の目的のために内部で利用し、又は相互に提供することができる。

2　都道府県知事、市町村長及び農業委員会は、その所掌事務の遂行に必要な限度で、関係する地方公共団体、農地中間管理機構その他の者に対して、農地に関する情報の提供を求めることができる。

（情報の提供等）

第五十二条　農業委員会は、農地の農業上の利用の増進及び農地の利用関係の調整に資するほか、その所掌事務を的確に行うため、農地の保有及び利用の状況、借賃等の動向その他の農地に関する情報の収集、整理、分析及び提供を行うものとする。

（農地台帳の作成）

第五十二条の二　農業委員会は、その所掌事務を的確に行うため、前条の規定による農地に関する情報の整理の一環として、一筆の農地ごとに次に掲げる事項を記録した農地台帳を作成するものとする。

一　その農地の所有者の氏名又は名称及び住所

二　その農地の所在、地番、地目及び面積

三　その農地に地上権、永小作権、質権、使用貸借による権利、賃借権又はその他の使用及び収益を目的とする権利が設定されている場合にあつては、これらの権利の種類及び存続期間並びにこれらの権利を有する者の氏名又は名称及び住所並びに借賃等（第四十三条第二項において読み替えて準用する第三十九条第一項の裁定において定められた補償金を含む。）の額

四　その他農林水産省令で定める事項

2　農地台帳は、その全部を磁気ディスク（これに準ずる方法により一定の事項を確実に記録しておくことができる物を含む。）をもつて調製するものとする。

3　農地台帳の記録又は記録の修正若しくは消去は、この法律の規定による申請若しくは届出又は前条の規定による農地に関する情報の収集により得られた情報に基づいて行う

付し、又は工事その他の行為の停止を命じ、若しくは相当の期限を定めて原状回復その他違反を是正するため必要な措置（以下この条において「原状回復等の措置」という。）を講ずべきことを命ずることができる。

一　第四条第一項若しくは第五条第一項の規定に違反した者又はその一般承継人

二　第四条第一項又は第五条第一項の許可に付した条件に違反している者

三　前二号に掲げる者から当該違反に係る土地について工事その他の行為を請け負つた者又はその工事その他の行為の下請人

四　偽りその他不正の手段により、第四条第一項又は第五条第一項の許可を受けた者

2　前項の規定による命令をするときは、農林水産省令で定める事項を記載した命令書を交付しなければならない。

3　農林水産大臣又は都道府県知事は、第一項に規定する場合において、次の各号のいずれかに該当すると認めるときは、自らその原状回復等の措置の全部又は一部を講ずることができる。この場合において、第二号に該当すると認めるときは、相当の期限を定めて、当該原状回復等の措置を講ずべき旨及びその期限までに当該原状回復等の措置を講じないときは、自ら当該原状回復等の措置を講じ、当該措置に要した費用を徴収する旨を、あらかじめ、公告しなければならない。

一　第一項の規定により原状回復等の措置を講ずべきことを命ぜられた違反転用者等が、当該命令に係る期限までに当該命令に係る措置を講じないとき、講じても十分でないとき、又は講ずる見込みがないとき。

二　第一項の規定により原状回復等の措置を講ずべきことを命じようとする場合において、過失がなくて当該原状回復等の措置を命ずべき違反転用者等を確知することができないとき。

三　緊急に原状回復等の措置を講ずる必要がある場合において、第一項の規定により原状回復等の措置を講ずべきことを命ずるいとまがないとき。

4　農林水産大臣又は都道府県知事は、前項の規定により同項の原状回復等の措置の全部又は一部を講じたときは、当該原状回復等の措置に要した費用について、農林水産省令で定めるところにより、当該違反転用者等に負担させることができる。

5　前項の規定により負担させる費用の徴収については、行政代執行法第五条及び第六条の規定を準用する。

なければしてはならない。

5　国又は都道府県は、第一項の土地又は工作物の所有者又は占有者が同項の規定による調査、測量又は物件の除去若しくは移転によつて損失を受けた場合には、政令で定めるところにより、その者に対し、通常生ずべき損失を補償する。

6　第一項の規定による立入調査の権限は、犯罪捜査のために認められたものと解してはならない。

注　平成二七年六月二六日法律第五〇号により改正され、平成二八年四月一日から施行

第四十九条第一項中「又は都道府県知事」を「、都道府県知事又は指定市町村の長」に改め、同条第三項中「又は都道府県知事」を「、都道府県知事又は指定市町村の長」に、「これ」を「その旨」に改め、同項ただし書中「但し」を「ただし」に改め、同条第五項中「都道府県」を「都道府県等」に改める。

（報告の徴取）

第五十条　農林水産大臣又は都道府県知事は、この法律を施行するため必要があるときは、土地の状況等に関し、都道府県農業会議又は農業委員会から必要な報告を徴することができる。

注　平成二七年六月二六日法律第五〇号により改正され、平成二八年四月一日から施行

第五十条の見出しを「（報告）」に改め、同条中「又は都道府県知事」を「、都道府県知事又は指定市町村の長」に、「徴する」を「求める」に改める。

注　平成二七年九月四日法律第六三号により改正され、平成二八年四月一日から施行

第五十条中「都道府県農業会議又は農業委員会」を「農業委員会又は農業委員会等に関する法律第四十四条第一項に規定する機構」に改める。

（違反転用に対する処分）

第五十一条　農林水産大臣又は都道府県知事は、政令で定めるところにより、次の各号のいずれかに該当する者（以下この条において「違反転用者等」という。）に対して、土地の農業上の利用の確保及び他の公益並びに関係人の利益を衡量して特に必要があると認めるときは、その必要の限度において、第四条若しくは第五条の規定によつてした許可を取り消し、その条件を変更し、若しくは新たに条件を

については、政令で特例を定めることができる。

（売払い）

第四十六条　農林水産大臣は、前条第一項の規定により管理する農地及び採草放牧地について、農林水産省令で定めるところにより、その農地又は採草放牧地の取得後において耕作又は養畜の事業に供すべき農地又は採草放牧地の全てを効率的に利用して耕作又は養畜の事業を行うと認められる者、農地利用集積円滑化団体、農地中間管理機構その他の農林水産省令で定める者に売り払うものとする。ただし、次条の規定により売り払う場合は、この限りでない。

2　前項の規定により売り払う農地又は採草放牧地について、その農業上の利用のため第十二条第一項の規定により併せて買収した附帯施設があるときは、これをその農地又は採草放牧地の売払いを受ける者に併せて売り払うものとする。

第四十七条　農林水産大臣は、第四十五条第一項の規定により管理する土地、立木、工作物又は権利について、政令で定めるところにより、土地の農業上の利用の増進の目的に供しないことを相当と認めたときは、農林水産省令で定めるところにより、これを売り払い、又はその所管換若しくは所属替をすることができる。

（公簿の閲覧等）

第四十八条　国又は都道府県の職員は、登記所又は市町村の事務所について、この法律による買収、買取り又は裁定に関し、無償で、必要な簿書を閲覧し、又はその謄本若しくは登記事項証明書の交付を受けることができる。

（立入調査）

第四十九条　農林水産大臣又は都道府県知事は、この法律による買収その他の処分をするため必要があるときは、その職員に他人の土地又は工作物に立ち入つて調査させ、測量させ、又は調査若しくは測量の障害となる竹木その他の物を除去させ、若しくは移転させることができる。

2　前項の職員は、その身分を示す証明書を携帯し、その土地又は工作物の所有者、占有者その他の利害関係人にこれを提示しなければならない。

3　第一項の場合には、農林水産大臣又は都道府県知事は、農林水産省令で定める手続に従い、あらかじめ、その土地又は工作物の占有者にこれを通知しなければならない。但し、通知をすることができない場合その他特別の事情がある場合には、公示をもつて通知に代えることができる。

4　第一項の規定による立入は、工作物、宅地及びかき、さく等で囲まれた土地に対しては、日出から日没までの間で障の除去又は発生の防止のために必要な措置（以下この条において「支障の除去等の措置」という。）を講ずべきことを命ずることができる。

2　前項の規定による命令をするときは、農林水産省令で定める事項を記載した命令書を交付しなければならない。

3　市町村長は、第一項に規定する場合において、次の各号のいずれかに該当すると認めるときは、自らその支障の除去等の措置の全部又は一部を講ずることができる。この場合において、第二号に該当すると認めるときは、相当の期限を定めて、当該支障の除去等の措置を講ずべき旨及びその期限までに当該支障の除去等の措置を講じないときは、自ら当該支障の除去等の措置を講じ、当該措置に要した費用を徴収する旨を、あらかじめ、公告しなければならない。

一　第一項の規定により支障の除去等の措置を講ずべきことを命ぜられた農地の所有者等が、当該命令に係る期限までに当該命令に係る措置を講じないとき、講じても十分でないとき、又は講ずる見込みがないとき。

二　第一項の規定により支障の除去等の措置を講ずべきことを命じようとする場合において、過失がなくて当該支障の除去等の措置を命ずべき農地の所有者等を確知することができないとき。

三　緊急に支障の除去等の措置を講ずる必要がある場合において、第一項の規定により支障の除去等の措置を講ずべきことを命ずるいとまがないとき。

4　市町村長は、前項の規定により同項の支障の除去等の措置の全部又は一部を講じたときは、当該支障の除去等の措置に要した費用について、農林水産省令で定めるところにより、当該農地の所有者等に負担させることができる。

5　前項の規定により負担させる費用の徴収については、行政代執行法（昭和二十三年法律第四十三号）第五条及び第六条の規定を準用する。

第五章　雑則

（買収した土地、立木等の管理）

第四十五条　国が第七条第一項若しくは第十二条第一項の規定により買収し、又は第二十二条第一項若しくは第二十三条第一項の規定に基づく申出により買い取つた土地、立木、工作物及び権利は、政令で定めるところにより、農林水産大臣が管理する。

2　前項の規定により農林水産大臣が管理する国有財産につき国有財産法（昭和二十三年法律第七十三号）第三十二条第一項　の規定により備えなければならない台帳の取扱い

水産省令で定めるところにより、都道府県知事に対し、当該農地を利用する権利（以下「利用権」という。）の設定に関し裁定を申請することができる。

2　第三十八条及び第三十九条の規定は、前項の規定による申請があつた場合について準用する。この場合において、第三十八条第一項中「にこれを」とあるのは「で知れているものがあるときは、その者にこれを」と、第三十九条第一項及び第二項第一号から第三号までの規定中「農地中間管理権」とあるのは「利用権」と、同項第四号中「借賃」とあるのは「借賃に相当する補償金の額」と、同項第五号中「借賃」とあるのは「補償金」と読み替えるものとする。

3　都道府県知事は、前項において読み替えて準用する第三十九条第一項の裁定をしたときは、農林水産省令で定めるところにより、遅滞なく、その旨を農地中間管理機構（当該裁定の申請に係る農地の所有者等で知れているものがあるときは、その者及び農地中間管理機構）に通知するとともに、これを公告しなければならない。当該裁定についての審査請求に対する裁決によつて当該裁定の内容が変更されたときも、同様とする。

4　第二項において読み替えて準用する第三十九条第一項の裁定について前項の規定による公告があつたときは、当該裁定の定めるところにより、農地中間管理機構は、利用権を取得する。

5　農地中間管理機構は、第二項において読み替えて準用する第三十九条第一項の裁定において定められた利用権の始期までに、当該裁定において定められた補償金を当該農地の所有者等のために供託しなければならない。

6　前項の規定による補償金の供託は、当該農地の所在地の供託所にするものとする。

7　第十六条の規定は、第四項の規定により農地中間管理機構が取得する利用権について準用する。この場合において、同条第一項中「その登記がなくても、農地又は採草放牧地の引渡があつた」とあるのは、「その設定を受けた者が当該農地の占有を始めた」と読み替えるものとする。

（措置命令）

第四十四条　市町村長は、第三十二条第一項各号のいずれかに該当する農地における病害虫の発生、土石その他これに類するものの堆積その他政令で定める事由により、当該農地の周辺の地域における営農条件に著しい支障が生じ、又は生ずるおそれがあると認める場合には、必要な限度において、当該農地の所有者等に対し、期限を定めて、その支

4　都道府県知事は、第一項の裁定をしようとするときは、あらかじめ、都道府県農業会議の意見を聴かなければならない。

> **注**　平成二七年九月四日法律第六三号により改正され、平成二八年四月一日から施行
>
> 第三十九条第四項中「都道府県農業会議」を「都道府県機構」に改め、同項に次のただし書を加える。
>
> ただし、農業委員会等に関する法律第四十二条第一項の規定による都道府県知事の指定がされていない場合は、この限りでない。

（裁定の効果等）

第四十条　都道府県知事は、前条第一項の裁定をしたときは、農林水産省令で定めるところにより、遅滞なく、その旨を農地中間管理機構及び当該裁定の申請に係る農地の所有者等に通知するとともに、これを公告しなければならない。当該裁定についての審査請求に対する裁決によつて当該裁定の内容が変更されたときも、同様とする。

2　前条第一項の裁定について前項の規定による公告があつたときは、当該裁定の定めるところにより、農地中間管理機構と当該裁定に係る農地の所有者等との間に当該農地についての農地中間管理権の設定に関する契約が締結されたものとみなす。

3　民法第二百七十二条ただし書（永小作権の譲渡又は賃貸の禁止）及び第六百十二条（賃借権の譲渡及び転貸の制限）の規定は、前項の場合には、適用しない。

第四十一条及び第四十二条　削除

（所有者等を確知することができない場合における農地の利用）

第四十三条　農業委員会は、第三十二条第三項（第三十三条第二項において読み替えて準用する場合を含む。以下この項において同じ。）の規定による公示をした場合において、第三十二条第三項第三号に規定する期間内に当該公示に係る農地（同条第一項第二号に該当するものを除く。）の所有者等から同条第三項第三号の規定による申出がないとき（その農地（その農地について所有権以外の権原に基づき使用及び収益をする者がある場合には、その権利）が数人の共有に係るものである場合において、当該申出の結果、その農地の所有者等で知れているものの持分が二分の一を超えないときを含む。）は、農地中間管理機構に対し、その旨を通知するものとする。この場合において、農地中間管理機構は、当該通知の日から起算して四月以内に、農林

た場合において、当該勧告があつた日から起算して二月以内に当該勧告を受けた者との協議が調わず、又は協議を行うことができないときは、農地中間管理機構は、当該勧告があつた日から起算して六月以内に、農林水産省令で定めるところにより、都道府県知事に対し、当該勧告に係る農地について、農地中間管理権（賃借権に限る。第三十九条第一項及び第二項並びに第四十条第二項において同じ。）の設定に関し裁定を申請することができる。

（意見書の提出）

第三十八条　都道府県知事は、前条の規定による申請があつたときは、農林水産省令で定める事項を公告するとともに、当該申請に係る農地の所有者等にこれを通知し、二週間を下らない期間を指定して意見書を提出する機会を与えなければならない。

2　前項の意見書を提出する者は、その意見書において、その者の有する権利の種類及び内容、その者が前条の規定による申請に係る農地について農地中間管理機構との協議が調わず、又は協議を行うことができない理由その他の農林水産省令で定める事項を明らかにしなければならない。

3　都道府県知事は、第一項の期間を経過した後でなければ、裁定をしてはならない。

（裁定）

第三十九条　都道府県知事は、第三十七条の規定による申請に係る農地が、前条第一項の意見書の内容その他当該農地の利用に関する諸事情を考慮して引き続き農業上の利用の増進が図られないことが確実であると見込まれる場合において、農地中間管理機構が当該農地について農地中間管理事業を実施することが当該農地の農業上の利用の増進を図るため必要かつ適当であると認めるときは、その必要の限度において、農地中間管理権を設定すべき旨の裁定をするものとする。

2　前項の裁定においては、次に掲げる事項を定めなければならない。

一　農地中間管理権を設定すべき農地の所在、地番、地目及び面積

二　農地中間管理権の内容

三　農地中間管理権の始期及び存続期間

四　借賃

五　借賃の支払の方法

3　第一項の裁定は、前項第一号から第三号までに掲げる事項については申請の範囲を超えてはならず、同号に規定する存続期間については五年を限度としなければならない。

るものとする。

4　第二項本文の規定は、前項の規定による通知を受けた農地利用集積円滑化団体について準用する。この場合において、第二項本文中「農地中間管理権の取得」とあるのは、「次項に規定する農地所有者代理事業の実施」と読み替えるものとする。

（農地中間管理権の取得に関する協議の勧告）

第三十六条　農業委員会は、第三十二条第一項又は第三十三条第一項の規定による利用意向調査を行つた場合において、次の各号のいずれかに該当するときは、これらの利用意向調査に係る農地の所有者等に対し、農地中間管理機構による農地中間管理権の取得に関し当該農地中間管理機構と協議すべきことを勧告するものとする。ただし、当該各号に該当することにつき正当の事由があるときは、この限りでない。

一　当該農地の所有者等からその農地を耕作する意思がある旨の表明があつた場合において、その表明があつた日から起算して六月を経過した日においても、その農地の農業上の利用の増進が図られていないとき。

二　当該農地の所有者等からその農地の所有権の移転又は賃借権その他の使用及び収益を目的とする権利の設定若しくは移転を行う意思がある旨の表明（前条第一項又は第三項に規定する意思の表明を含む。）があつた場合において、その表明があつた日から起算して六月を経過した日においても、これらの権利の設定又は移転が行われないとき。

三　当該農地の所有者等にその農地の農業上の利用を行う意思がないとき。

四　これらの利用意向調査を行つた日から起算して六月を経過した日においても、当該農地の所有者等からその農地の農業上の利用の意向についての意思の表明がないとき。

五　前各号に掲げるときのほか、当該農地について農業上の利用の増進が図られないことが確実であると認められるとき。

2　農業委員会は、前項の規定による勧告を行つたときは、その旨を農地中間管理機構（当該農地について所有権以外の権原に基づき使用及び収益をする者がある場合には、農地中間管理機構及びその農地の所有者）に通知するものとする。

（裁定の申請）

第三十七条　農業委員会が前条第一項の規定による勧告をし

有者等に対し、利用意向調査を行うものとする。

2　前条第二項から第五項までの規定は、前項に規定する農地がある場合について準用する。この場合において、同条第二項中「前項」とあるのは「次条第一項」と、同条第三項第二号中「面積並びにその農地が第一項各号のいずれに該当するかの別」とあるのは「面積」と、同条第四項及び第五項中「第一項」とあるのは「次条第一項」と読み替えるものとする。

3　前二項の規定は、第四条第一項又は第五条第一項の許可に係る農地その他農林水産省令で定める農地については、適用しない。

（農地の利用関係の調整）

第三十四条　農業委員会は、第三十二条第一項又は前条第一項の規定による利用意向調査を行つたときは、これらの利用意向調査に係る農地の所有者等から表明されたその農地の農業上の利用の意向についての意思の内容を勘案しつつ、その農地の農業上の利用の増進が図られるよう必要なあつせんその他農地の利用関係の調整を行うものとする。

（農地中間管理機構等による協議の申入れ）

第三十五条　農業委員会は、第三十二条第一項又は第三十三条第一項の規定による利用意向調査を行つた場合において、これらの利用意向調査に係る農地（農地中間管理事業の事業実施地域に存するものに限る。次条第一項及び第四十三条第一項において同じ。）の所有者等から、農地中間管理事業を利用する意思がある旨の表明があつたときは、農地中間管理機構に対し、その旨を通知するものとする。

2　前項の規定による通知を受けた農地中間管理機構は、速やかに、当該農地の所有者等に対し、その農地に係る農地中間管理権の取得に関する協議を申し入れるものとする。ただし、その農地が農地中間管理事業の推進に関する法律第八条第一項に規定する農地中間管理事業規程において定める同条第二項第二号に規定する基準に適合しない場合において、その旨を農業委員会及び当該農地の所有者等に通知したときは、この限りでない。

3　農業委員会は、第三十二条第一項又は第三十三条第一項の規定による利用意向調査を行つた場合において、これらの利用意向調査に係る農地（農業経営基盤強化促進法第四条第三項に規定する農地利用集積円滑化事業の事業実施地域に存するものに限る。）の所有者から、農地所有者代理事業（同法第四条第三項第一号イに規定する農地所有者代理事業をいう。）を利用する意思がある旨の表明があつたときは、農地利用集積円滑化団体に対し、その旨を通知すできないときは、農業委員会は、その農地の所有者等で知れているものの持分が二分の一を超えるときに限り、その農地の所有者等で知れているものに対し、同項の規定による利用意向調査を行うものとする。

3　農業委員会は、第三十条の規定による利用状況調査の結果、第一項各号のいずれかに該当する農地がある場合において、過失がなくてその農地の所有者等（その農地（その農地について所有権以外の権原に基づき使用及び収益をする者がある場合には、その権利）が数人の共有に係る場合には、その農地又は権利について二分の一を超える持分を有する者。第一号、第五十三条第一項及び第五十五条第二項において同じ。）を確知することができないときは、次に掲げる事項を公示するものとする。この場合において、その農地（その農地について所有権以外の権原に基づき使用及び収益をする者がある場合には、その権利）が数人の共有に係るものであつて、かつ、その農地の所有者等で知れているものがあるときは、その者にその旨を通知するものとする。

一　その農地の所有者等を確知できない旨

二　その農地の所在、地番、地目及び面積並びにその農地が第一項各号のいずれに該当するかの別

三　その農地の所有者等は、公示の日から起算して六月以内に、農林水産省令で定めるところにより、その権原を証する書面を添えて、農業委員会に申し出るべき旨

四　その他農林水産省令で定める事項

4　前項第三号に規定する期間内に同項の規定による公示に係る農地の所有者等から同号の規定による申出があつたときは、農業委員会は、その者に対し、第一項の規定による利用意向調査を行うものとする。

5　前項の場合において、その農地（その農地について所有権以外の権原に基づき使用及び収益をする者がある場合には、その権利）が数人の共有に係るものであるときは、農業委員会は、第三項第三号の規定による申出の結果、その農地の所有者等で知れているものの持分が二分の一を超えるときに限り、その農地の所有者等で知れているものに対し、第一項の規定による利用意向調査を行うものとする。

6　前各項の規定は、第四条第一項又は第五条第一項の許可に係る農地その他農林水産省令で定める農地については、適用しない。

第三十三条　農業委員会は、耕作の事業に従事する者が不在となり、又は不在となることが確実と認められるものとして農林水産省令で定める農地があるときは、その農地の所

り、毎年一回、その区域内にある農地の利用の状況についての調査（以下「利用状況調査」という。）を行わなければならない。

2　農業委員会は、必要があると認めるときは、いつでも利用状況調査を行うことができる。

（農業委員会に対する申出）

第三十一条　次に掲げる者は、次条第一項各号のいずれかに該当する農地があると認めるときは、その旨を農業委員会に申し出て適切な措置を講ずべきことを求めることができる。

一　その農地の存する市町村の区域の全部又は一部をその地区の全部又は一部とする農業協同組合、土地改良区その他の農林水産省令で定める農業者の組織する団体

二　その農地の周辺の地域において農業を営む者（その農地によつてその者の営農条件に著しい支障が生じ、又は生ずるおそれがあると認められるものに限る。）

注　平成二七年九月四日法律第六三号により改正され、平成二八年四月一日から施行

第三十一条第一項に次の一号を加える。

三　農地中間管理機構

2　農業委員会は、前項の規定による申出があつたときは、当該農地についての利用状況調査その他適切な措置を講じなければならない。

（利用意向調査）

第三十二条　農業委員会は、第三十条の規定による利用状況調査の結果、次の各号のいずれかに該当する農地があるときは、農林水産省令で定めるところにより、その農地の所有者（その農地について所有権以外の権原に基づき使用及び収益をする者がある場合には、その者。以下「所有者等」という。）に対し、その農地の農業上の利用の意向についての調査（以下「利用意向調査」という。）を行うものとする。

一　現に耕作の目的に供されておらず、かつ、引き続き耕作の目的に供されないと見込まれる農地

二　その農業上の利用の程度がその周辺の地域における農地の利用の程度に比し著しく劣つていると認められる農地（前号に掲げる農地を除く。）

2　前項の場合において、その農地（その農地について所有権以外の権原に基づき使用及び収益をする者がある場合には、その権利）が数人の共有に係るものであつて、かつ、過失がなくてその農地の所有者等の一部を確知することが

2　前項の申入があつたときは、国は、公売により買受人となつたものとみなす。

（農業委員会への通知）

第二十四条　農林水産大臣は、前二条の規定により国が農地又は採草放牧地を取得したときは、農業委員会に対し、その旨を通知しなければならない。

（農業委員会による和解の仲介）

第二十五条　農業委員会は、農地又は採草放牧地の利用関係の紛争について、農林水産省令で定める手続に従い、当事者の双方又は一方から和解の仲介の申立てがあつたときは、和解の仲介を行なう。ただし、農業委員会が、その紛争について和解の仲介を行なうことが困難又は不適当であると認めるときは、申立てをした者の同意を得て、都道府県知事に和解の仲介を行なうべき旨の申出をすることができる。

2　農業委員会による和解の仲介は、農業委員会の委員のうちから農業委員会の会長が事件ごとに指名する三人の仲介委員によつて行なう。

（小作主事の意見聴取）

第二十六条　仲介委員は、第十八条第一項本文に規定する事項について和解の仲介を行う場合には、都道府県の小作主事の意見を聴かなければならない。

2　仲介委員は、和解の仲介に関して必要があると認める場合には、都道府県の小作主事の意見を求めることができる。

（仲介委員の任務）

第二十七条　仲介委員は、紛争の実情を詳細に調査し、事件が公正に解決されるように努めなければならない。

（都道府県知事による和解の仲介）

第二十八条　都道府県知事は、第二十五条第一項ただし書の規定による申出があつたときは、和解の仲介を行う。

2　都道府県知事は、必要があると認めるときは、小作主事その他の職員を指定して、その者に和解の仲介を行なわせることができる。

3　前条の規定は、前二項の規定による和解の仲介について準用する。

（政令への委任）

第二十九条　第二十五条から前条までに定めるもののほか、和解の仲介に関し必要な事項は、政令で定める。

第四章　遊休農地に関する措置

（利用状況調査）

第三十条　農業委員会は、農林水産省令で定めるところによ

第二十一条　農地又は採草放牧地の賃貸借契約については、当事者は、書面によりその存続期間、借賃等の額及び支払条件その他その契約並びにこれに付随する契約の内容を明らかにしなければならない。

（強制競売及び競売の特例）

第二十二条　強制競売又は担保権の実行としての競売（その例による競売を含む。以下単に「競売」という。）の開始決定のあつた農地又は採草放牧地について、入札又は競り売りを実施すべき日において許すべき買受けの申出がないときは、強制競売又は競売を申し立てた者は、農林水産省令で定める手続に従い、農林水産大臣に対し、国がその土地を買い取るべき旨を申し出ることができる。

2　農林水産大臣は、前項の申出があつたときは、次に掲げる場合を除いて、次の入札又は競り売りを実施すべき日までに、裁判所に対し、その土地を第十条第一項の政令で定めるところにより算出した額で買い取る旨を申し入れなければならない。

一　民事執行法（昭和五十四年法律第四号）第六十条第三項に規定する買受可能価額が第十条第一項の政令で定めるところにより算出した額を超える場合

二　国が買受人となれば、その土地の上にある留置権、先取特権、質権又は抵当権で担保される債権を弁済する必要がある場合

三　売却条件が国に不利になるように変更されている場合

四　国が買受人となつた後もその土地につき所有権に関する仮登記上の権利又は仮処分の執行に係る権利が存続する場合

3　前項の申入れがあつたときは、国は、強制競売又は競売による最高価買受申出人となつたものとみなす。この場合の買受けの申出の額は、第十条第一項の政令で定めるところにより算出した額とする。

（公売の特例）

第二十三条　国税徴収法（昭和三十四年法律第百四十七号）による滞納処分（その例による滞納処分を含む。）により公売に付された農地又は採草放牧地について買受人がない場合に、当該滞納処分を行う行政庁が、農林水産省令で定める手続に従い、農林水産大臣に対し、国がその土地を第十条第一項の政令で定めるところにより算出した額で買い取るべき旨の申出をしたときは、農林水産大臣は、前条第二項第二号から第四号までに掲げる場合を除いて、その行政庁に対し、その土地を買い取る旨を申し入れなければならない。

め、同条第三項中「都道府県知事が」を「都道府県知事は」に、「都道府県農業会議」を「都道府県機構」に、「聞かなければ」を「聴かなければ」に改め、同項に次のただし書を加える。

ただし、農業委員会等に関する法律第四十二条第一項の規定による都道府県知事の指定がされていない場合は、この限りでない。

（農地又は採草放牧地の賃貸借の存続期間）

第十九条　農地又は採草放牧地の賃貸借についての民法第六百四条（賃貸借の存続期間）の規定の適用については、同条中「二十年」とあるのは、「五十年」とする。

（借賃等の増額又は減額の請求権）

第二十条　借賃等（耕作の目的で農地につき賃借権又は地上権が設定されている場合の借賃又は地代（その賃借権又は地上権の設定に付随して、農地以外の土地についての賃借権若しくは地上権又は建物その他の工作物についての賃借権が設定され、その借賃又は地代と農地の借賃又は地代とを分けることができない場合には、その農地以外の土地又は工作物の借賃又は地代を含む。）及び農地につき永小作権が設定されている場合の小作料をいう。以下同じ。）の額が農産物の価格若しくは生産費の上昇若しくは低下その他の経済事情の変動により又は近傍類似の農地の借賃等の額に比較して不相当となつたときは、契約の条件にかかわらず、当事者は、将来に向かつて借賃等の額の増減を請求することができる。ただし、一定の期間借賃等の額を増加しない旨の特約があるときは、その定めに従う。

2　借賃等の増額について当事者間に協議が調わないときは、その請求を受けた者は、増額を正当とする裁判が確定するまでは、相当と認める額の借賃等を支払うことをもつて足りる。ただし、その裁判が確定した場合において、既に支払つた額に不足があるときは、その不足額に年十パーセントの割合による支払期後の利息を付してこれを支払わなければならない。

3　借賃等の減額について当事者間に協議が調わないときは、その請求を受けた者は、減額を正当とする裁判が確定するまでは、相当と認める額の借賃等の支払を請求することができる。ただし、その裁判が確定した場合において、既に支払を受けた額が正当とされた借賃等の額を超えるときは、その超過額に年十パーセントの割合による受領の時からの利息を付してこれを返還しなければならない。

（契約の文書化）

二　その農地又は採草放牧地を農地又は採草放牧地以外のものにすることを相当とする場合
三　賃借人の生計（法人にあつては、経営）、賃貸人の経営能力等を考慮し、賃貸人がその農地又は採草放牧地を耕作又は養畜の事業に供することを相当とする場合
四　その農地について賃借人が第三十六条第一項の規定による勧告を受けた場合
五　賃借人である農業生産法人が農業生産法人でなくなつた場合並びに賃借人である農業生産法人の構成員となつている賃貸人がその法人の構成員でなくなり、その賃貸人又はその世帯員等がその許可を受けた後において耕作又は養畜の事業に供すべき農地及び採草放牧地の全てを効率的に利用して耕作又は養畜の事業を行うことができると認められ、かつ、その事業に必要な農作業に常時従事すると認められる場合
六　その他正当の事由がある場合
3　都道府県知事が、第一項の規定により許可をしようとするときは、あらかじめ、都道府県農業会議の意見を聞かなければならない。
4　第一項の許可は、条件をつけてすることができる。
5　第一項の許可を受けないでした行為は、その効力を生じない。
6　農地又は採草放牧地の賃貸借につき解約の申入れ、合意による解約又は賃貸借の更新をしない旨の通知が第一項ただし書の規定により同項の許可を要しないで行なわれた場合には、これらの行為をした者は、農林水産省令で定めるところにより、農業委員会にその旨を通知しなければならない。
7　前条又は民法第六百十七条（期間の定めのない賃貸借の解約の申入れ）若しくは第六百十八条（期間の定めのある賃貸借の解約をする権利の留保）の規定と異なる賃貸借の条件でこれらの規定による場合に比して賃借人に不利なものは、定めないものとみなす。
8　農地又は採草放牧地の賃貸借に付けた解除条件（第三条第三項第一号、農業経営基盤強化促進法第十八条第二項第六号及び農地中間管理事業の推進に関する法律第十八条第二項第五号に規定する条件を除く。）又は不確定期限は、付けないものとみなす。

注　平成二七年九月四日法律第六三号により改正され、平成二八年四月一日から施行

第十八条第二項中「しては」を「、しては」に改め、同項第五号中「農業生産法人」を「農地所有適格法人」に改

い。ただし、次の各号のいずれかに該当する場合は、この限りでない。

一　解約の申入れ、合意による解約又は賃貸借の更新をしない旨の通知が、信託事業に係る信託財産につき行われる場合（その賃貸借がその信託財産に係る信託の引受け前から既に存していたものである場合及び解約の申入れ又は合意による解約にあつてはこれらの行為によつて賃貸借の終了する日、賃貸借の更新をしない旨の通知にあつてはその賃貸借の期間の満了する日がその信託に係る信託行為によりその信託が終了することとなる日前一年以内にない場合を除く。）

二　合意による解約が、その解約によつて農地若しくは採草放牧地を引き渡すこととなる期限前六月以内に成立した合意でその旨が書面において明らかであるものに基づいて行われる場合又は民事調停法　による農事調停によつて行われる場合

三　賃貸借の更新をしない旨の通知が、十年以上の期間の定めがある賃貸借（解約をする権利を留保しているもの及び期間の満了前にその期間を変更したものでその変更をした時以後の期間が十年未満であるものを除く。）又は水田裏作を目的とする賃貸借につき行われる場合

四　第三条第三項の規定の適用を受けて同条第一項の許可を受けて設定された賃借権に係る賃貸借の解除が、賃借人がその農地又は採草放牧地を適正に利用していないと認められる場合において、農林水産省令で定めるところによりあらかじめ農業委員会に届け出て行われる場合

五　農業経営基盤強化促進法第十九条の規定による公告があつた農用地利用集積計画の定めるところによつて同法第十八条第二項第六号に規定する者に設定された賃借権に係る賃貸借の解除が、その者がその農地又は採草放牧地を適正に利用していないと認められる場合において、農林水産省令で定めるところによりあらかじめ農業委員会に届け出て行われる場合

六　農地中間管理機構が農地中間管理事業の推進に関する法律第二条第三項第一号に掲げる業務の実施により借り受け、又は同項第二号に掲げる業務の実施により貸し付けた農地又は採草放牧地に係る賃貸借の解除が、同法第二十条又は第二十一条第二項の規定により都道府県知事の承認を受けて行われる場合

2　前項の許可は、次に掲げる場合でなければしてはならない。

一　賃借人が信義に反した行為をした場合

第十五条　第八条第二項（第十二条第二項において準用する場合を含む。）の規定による通知及び第九条（第十二条第二項において準用する場合を含む。）の規定による買収令書の交付は、その通知又は交付を受けた者の承継人に対してもその効力を有する。

第三章　利用関係の調整等

（農地又は採草放牧地の賃貸借の対抗力）

第十六条　農地又は採草放牧地の賃貸借は、その登記がなくても、農地又は採草放牧地の引渡があつたときは、これをもつてその後その農地又は採草放牧地について物権を取得した第三者に対抗することができる。

2　民法第五百六十六条第一項　及び第三項（用益的権利による制限がある場合の売主の担保責任）の規定は、登記をしてない賃貸借の目的である農地又は採草放牧地が売買の目的物である場合に準用する。

3　民法第五百三十三条（同時履行の抗弁）の規定は、前項の場合に準用する。

（農地又は採草放牧地の賃貸借の更新）

第十七条　農地又は採草放牧地の賃貸借について期間の定めがある場合において、その当事者が、その期間の満了の一年前から六月前まで（賃貸人又はその世帯員等の死亡又は第二条第二項に掲げる事由によりその土地について耕作、採草又は家畜の放牧をすることができないため、一時賃貸をしたことが明らかな場合は、その期間の満了の六月前から一月前まで）の間に、相手方に対して更新をしない旨の通知をしないときは、従前の賃貸借と同一の条件で更に賃貸借をしたものとみなす。ただし、水田裏作を目的とする賃貸借でその期間が一年未満であるもの、第三十七条から第四十条までの規定によつて設定された農地中間管理権に係る賃貸借、農業経営基盤強化促進法第十九条の規定による公告があつた農用地利用集積計画の定めるところによつて設定され、又は移転された同法第四条第四項第一号に規定する利用権に係る賃貸借及び農地中間管理事業の推進に関する法律第十八条第五項の規定による公告があつた農用地利用配分計画の定めるところによつて設定され、又は移転された賃借権に係る賃貸借については、この限りでない。

（農地又は採草放牧地の賃貸借の解約等の制限）

第十八条　農地又は採草放牧地の賃貸借の当事者は、政令で定めるところにより都道府県知事の許可を受けなければ、賃貸借の解除をし、解約の申入れをし、合意による解約をし、又は賃貸借の更新をしない旨の通知をしてはならな

（附帯施設の買収）

第十二条　第七条第一項の規定による買収をする場合において、農業委員会がその買収される農地又は採草放牧地の農業上の利用のため特に必要があると認めるときは、国は、その買収される農地又は採草放牧地の所有者の有する土地（農地及び採草放牧地を除く。）、立木、建物その他の工作物又は水の使用に関する権利（以下「附帯施設」という。）を併せて買収することができる。

2　第八条から前条までの規定は、前項の規定による買収をする場合に準用する。この場合において、第八条第一項第二号中「その農地又は採草放牧地の所在、地番、地目及び面積」とあるのは、「土地についてはその所在、地番、地目及び面積、立木についてはその樹種、数量及び所在の場所、工作物についてはその種類及び所在の場所、水の使用に関する権利についてはその内容」と読み替えるものとする。

（登記の特例）

第十三条　国が第七条第一項又は前条第一項の規定により買収をする場合の土地又は建物の登記については、政令で、不動産登記法（平成十六年法律第百二十三号）の特例を定めることができる。

（立入調査）

第十四条　農業委員会は、農業委員会等に関する法律（昭和二十六年法律第八十八号）第二十九条第一項の規定による立入調査のほか、第七条第一項の規定による買収をするため必要があるときは、委員又は職員に法人の事務所その他の事業場に立ち入らせて必要な調査をさせることができる。

2　前項の規定により立入調査をする委員又は職員は、その身分を示す証明書を携帯し、関係者にこれを提示しなければならない。

3　第一項の規定による立入調査の権限は、犯罪捜査のために認められたものと解してはならない。

注　平成二七年九月四日法律第六三号により改正され、平成二八年四月一日から施行

第十四条第一項中「（昭和二十六年法律第八十八号）第二十九条第一項」を「第三十五条第一項」に改め、「、委員」の下に「、推進委員（同法第十七条第一項に規定する推進委員をいう。次項において同じ。）」を加え、同条第二項中「委員」の下に「、推進委員」を加える。

（承継人に対する効力）

なければならない。

（対価）

第十条　前条第一項第三号の対価は、政令で定めるところにより算出した額とする。

2　買収すべき農地若しくは採草放牧地の上に先取特権、質権若しくは抵当権がある場合又はその農地若しくは採草放牧地につき所有権に関する仮登記上の権利若しくは仮処分の執行に係る権利がある場合には、これらの権利を有する者から第八条第二項の期間内に、その対価を供託しないでもよい旨の申出があつたときを除いて、国は、その対価を供託しなければならない。

3　国は、前項に規定する場合のほか、次に掲げる場合にも対価を供託することができる。

一　対価の支払を受けるべき者が受領を拒み、又は受領することができない場合

二　過失がなくて対価の支払を受けるべき者を確知することができない場合

三　差押え又は仮差押えにより対価の支払の禁止を受けた場合

4　前二項の規定による対価の供託は、買収すべき農地又は採草放牧地の所在地の供託所にするものとする。

（効果）

第十一条　国が買収令書に記載された買収の期日までにその買収令書に記載された対価の支払又は供託をしたときは、その期日に、その農地又は採草放牧地の上にある先取特権、質権及び抵当権並びにその農地又は採草放牧地についての所有権に関する仮登記上の権利は消滅し、その農地又は採草放牧地についての所有権に関する仮処分の執行はその効力を失い、その農地又は採草放牧地の所有権は国が取得する。

2　前項の規定により消滅する先取特権、質権又は抵当権を有する者は、前条第二項又は第三項の規定により供託された対価に対してその権利を行うことができる。

3　国が買収令書に記載された買収の期日までにその買収令書に記載された対価の支払又は供託をしないときは、その買収令書は、効力を失う。

4　第一項及び前項の規定の適用については、国が、会計法（昭和二十二年法律第三十五号）第二十一条第一項の規定により、対価の支払に必要な資金を日本銀行に交付して送金の手続をさせ、その旨をその農地又は採草放牧地の所有者に通知したときは、その通知が到達した時を国が対価の支払をした時とみなす。

の間、これらの土地の所有権の譲渡しについてのあつせんに努めなければならない。

（農業委員会の関係書類の送付）

第八条　農業委員会は、前条第一項の規定により国が農地又は採草放牧地を買収すべき場合には、遅滞なく、次に掲げる事項を記載した書類を農林水産大臣に送付しなければならない。

一　その農地又は採草放牧地の所有者の氏名又は名称及び住所

二　その農地又は採草放牧地の所在、地番、地目及び面積

三　その農地若しくは採草放牧地の上に先取特権、質権若しくは抵当権がある場合又はその農地若しくは採草放牧地につき所有権に関する仮登記上の権利若しくは仮処分の執行に係る権利がある場合には、これらの権利の種類並びにこれらの権利を有する者の氏名又は名称及び住所

2　農業委員会は、前項の書類を送付する場合において、買収すべき農地若しくは採草放牧地の上に先取特権、質権若しくは抵当権があるとき又はその農地若しくは採草放牧地につき所有権に関する仮登記上の権利若しくは仮処分の執行に係る権利があるときは、これらの権利を有する者に対し、農林水産省令で定めるところにより、対価の供託の要否を二十日以内に農林水産大臣に申し出るべき旨を通知しなければならない。

（買収令書の交付及び縦覧）

第九条　農林水産大臣は、前条第一項の規定により送付された書類に記載されたところに従い、遅滞なく（同条第二項の規定による通知をした場合には、同項の期間経過後遅滞なく）、次に掲げる事項を記載した買収令書を作成し、これをその農地又は採草放牧地の所有者に、その謄本をその農業委員会に交付しなければならない。

一　前条第一項各号に掲げる事項

二　買収の期日

三　対価

四　対価の支払の方法（次条第二項の規定により対価を供託する場合には、その旨）

五　その他必要な事項

2　農林水産大臣は、前項の規定による買収令書の交付をすることができない場合には、その内容を公示して交付に代えることができる。

3　農業委員会は、買収令書の謄本の交付を受けたときは、遅滞なく、その旨を公示するとともに、その公示の日の翌日から起算して二十日間、その事務所でこれを縦覧に供し

は採草放牧地が前条第二項の規定による勧告に係るものであるときは、当該勧告の日（同条第三項の申出があつたときは、当該申出の日）の翌日から起算して三月間（当該期間内に第三条第一項又は第十八条第一項の規定による許可の申請があり、その期間経過後までこれに対する処分がないときは、その処分があるまでの間）、第二項の規定による公示をしないものとする。

5　農業委員会は、第一項の規定による買収をすべき農地又は採草放牧地につき第二項の規定により公示をした場合において、その公示の日の翌日から起算して三月以内に農林水産省令で定めるところにより当該法人から第二条第三項各号に掲げる要件のすべてを満たすに至つた旨の届出があり、かつ、審査の結果その届出が真実であると認められるときは、遅滞なく、その公示を取り消さなければならない。

6　農業委員会は、前項の規定による届出があり、審査の結果その届出が真実であると認められないときは、遅滞なく、その旨を公示しなければならない。

7　第五項の規定により公示が取り消されたときは、その公示に係る農地又は採草放牧地については、国は、第一項の規定による買収をしない。

8　第二項の規定により公示された農地若しくは採草放牧地の所有者又はこれらの土地について所有権以外の権原に基づく使用及び収益をさせている者が、その公示に係る農地又は採草放牧地につき、第五項に規定する期間の満了の日（その日までに同項の規定による届出があり、これにつき第六項の規定による公示があつた場合のその公示に係る農地又は採草放牧地については、その公示の日）の翌日から起算して三月以内に、農林水産省令で定めるところにより、所有権の譲渡しをし、地上権若しくは永小作権の消滅をさせ、使用貸借の解除をし、合意による解約をし、若しくは返還の請求をし、賃貸借の解除をし、解約の申入れをし、合意による解約をし、若しくは賃貸借の更新をしない旨の通知をし、又はその他の使用及び収益を目的とする権利を消滅させたときは、当該農地又は採草放牧地については、第一項の規定による買収をしない。当該期間内に第三条第一項又は第十八条第一項の規定による許可の申請があり、その期間経過後までこれに対する処分がないときも、その処分があるまでは、同様とする。

9　農業委員会は、第一項の法人又はその一般承継人からその所有する農地又は採草放牧地について所有権の譲渡しをする旨の申出があつた場合は、前項の期間が経過するまでけてその法人に設定された使用貸借による権利又は賃借権に係るものを除く。）」を、「分割によつて」の下に「当該」を加え、「同条第一項本文」を「同項本文」に改め、同条第二項中「農業生産法人」を「農地所有適格法人」に改める。

（農業生産法人が農業生産法人でなくなつた場合における買収）

第七条　農業生産法人が農業生産法人でなくなつた場合において、その法人若しくはその一般承継人が所有する農地若しくは採草放牧地があるとき、又はその法人及びその一般承継人以外の者が所有する農地若しくは採草放牧地でその法人若しくはその一般承継人の耕作若しくは養畜の事業に供されているものがあるときは、国がこれを買収する。ただし、これらの土地でその法人が第三条第一項本文に掲げる権利を取得した時に農地及び採草放牧地以外の土地であつたものその他政令で定めるものについては、この限りでない。

注　平成二七年九月四日法律第六三号により改正され、平成二八年四月一日から施行

第七条の見出し中「農業生産法人」を「農地所有適格法人」に改め、同条第一項中「農業生産法人」を「農地所有適格法人」に改め、同項ただし書中「土地でその」を「土地で、その」に改め、「定めるもの」の下に「並びに同条第三項の規定の適用を受けて同条第一項の許可を受けてその法人に設定された使用貸借による権利又は賃借権に係るもの」を加える。

2　農業委員会は、前項の規定による買収をすべき農地又は採草放牧地があると認めたときは、次に掲げる事項を公示し、かつ、公示の日の翌日から起算して一月間、その事務所で、これらの事項を記載した書類を縦覧に供しなければならない。

一　その農地又は採草放牧地の所有者の氏名又は名称及び住所

二　その農地又は採草放牧地の所在、地番、地目及び面積

三　その他必要な事項

3　農業委員会は、前項の規定による公示をしたときは、遅滞なく、その土地の所有者に同項各号に掲げる事項を通知しなければならない。ただし、過失がなくてその者を確知することができないときは、この限りでない。

4　農業委員会は、第一項の規定による買収をすべき農地又

は、「準用する。この場合において、第四項中「申請書が」とあるのは「申請書が、農地を農地以外のものにするため又は採草放牧地を採草放牧地以外のもの（農地を除く。）にするためこれらの土地について第三条第一項本文に掲げる権利を取得する行為であつて、」と、「農地を農地以外のものにする行為」とあるのは「農地又はその農地と併せて採草放牧地についてこれらの権利を取得するもの」と読み替えるものとする」と読み替えるものとする。

（農業生産法人の報告等）

第六条　農業生産法人であつて、農地若しくは採草放牧地（その法人が第三条第一項本文に掲げる権利を取得した時に農地及び採草放牧地以外の土地であつたものその他政令で定めるものを除く。以下この項において同じ。）を所有し、又はその法人以外の者が所有する農地若しくは採草放牧地をその法人の耕作若しくは養畜の事業に供しているものは、農林水産省令で定めるところにより、毎年、事業の状況その他農林水産省令で定める事項を農業委員会に報告しなければならない。農業生産法人が農業生産法人でなくなつた場合（農業生産法人が合併によつて解散し、又は分割をした場合において、当該合併によつて設立し、若しくは当該合併後存続する法人又は当該分割によつて農地若しくは採草放牧地について同条第一項本文に掲げる権利を承継した法人が農業生産法人でない場合を含む。次条第一項において同じ。）におけるその法人及びその一般承継人についても、同様とする。

2　農業委員会は、前項前段の規定による報告に基づき、農業生産法人が第二条第三項各号に掲げる要件を満たさなくなるおそれがあると認めるときは、その法人に対し、必要な措置を講ずべきことを勧告することができる。

3　農業委員会は、前項の規定による勧告をした場合において、その勧告を受けた法人からその所有する農地又は採草放牧地について所有権の譲渡しをする旨の申出があつたときは、これらの土地の所有権の譲渡しについてのあつせんに努めなければならない。

注　平成二七年九月四日法律第六三号により改正され、平成二八年四月一日から施行

第六条の見出しを「（農地所有適格法人の報告等）」に改め、同条第一項中「農業生産法人」を「農地所有適格法人」に改め、「所有する農地若しくは採草放牧地」の下に「（同条第三項の規定の適用を受けて同条第一項の許可を受

四　申請に係る農地を農地以外のものにすること又は申請に係る採草放牧地を採草放牧地以外のものにすることにより、土砂の流出又は崩壊その他の災害を発生させるおそれがあると認められる場合、農業用用排水施設の有する機能に支障を及ぼすおそれがあると認められる場合その他の周辺の農地又は採草放牧地に係る営農条件に支障を生ずるおそれがあると認められる場合

五　仮設工作物の設置その他の一時的な利用に供するため所有権を取得しようとする場合

六　仮設工作物の設置その他の一時的な利用に供するため、農地につき所有権以外の第三条第一項本文に掲げる権利を取得しようとする場合においてその利用に供された後にその土地が耕作の目的に供されることが確実と認められないとき、又は採草放牧地につきこれらの権利を取得しようとする場合においてその利用に供された後にその土地が耕作の目的若しくは主として耕作若しくは養畜の事業のための採草若しくは家畜の放牧の目的に供されることが確実と認められないとき。

七　農地を採草放牧地にするため第三条第一項本文に掲げる権利を取得しようとする場合において、同条第二項の規定により同条第一項の許可をすることができない場合に該当すると認められるとき。

3　第三条第五項及び第七項並びに前条第二項から第五項までの規定は、第一項の場合に準用する。この場合において、同条第四項中「申請書が」とあるのは「申請書が、農地を農地以外のものにするため又は採草放牧地を採草放牧地以外のもの（農地を除く。）にするためこれらの土地について第三条第一項本文に掲げる権利を取得する行為であつて、」と、「農地を農地以外のものにする行為」とあるのは「農地又はその農地と併せて採草放牧地についてこれらの権利を取得するもの」と読み替えるものとする。

4　国又は都道府県等が、農地を農地以外のものにするため又は採草放牧地を採草放牧地以外のものにするため、これらの土地について第三条第一項本文に掲げる権利を取得しようとする場合（第一項各号のいずれかに該当する場合を除く。）においては、国又は都道府県等と都道府県知事等との協議が成立することをもつて第一項の許可があつたものとみなす。

5　前条第九項及び第十項の規定は、都道府県知事等が前項の協議を成立させようとする場合について準用する。この場合において、同条第十項中「準用する」とあるの

本文に掲げる権利を取得しようとするとき、第一号イに掲げる農地又は採草放牧地につき農用地利用計画において指定された用途に供するためこれらの権利を取得しようとするときその他政令で定める相当の事由があるときは、この限りでない。

一　次に掲げる農地又は採草放牧地につき第三条第一項本文に掲げる権利を取得しようとする場合

イ　農用地区域内にある農地又は採草放牧地

ロ　イに掲げる農地又は採草放牧地以外の農地又は採草放牧地で、集団的に存在する農地又は採草放牧地その他の良好な営農条件を備えている農地又は採草放牧地として政令で定めるもの（市街化調整区域内にある政令で定める農地又は採草放牧地以外の農地又は採草放牧地にあつては、次に掲げる農地又は採草放牧地を除く。）

(1)　市街地の区域内又は市街地化の傾向が著しい区域内にある農地又は採草放牧地で政令で定めるもの

(2)　(1)の区域に近接する区域その他市街地化が見込まれる区域内にある農地又は採草放牧地で政令で定めるもの

二　前号イ及びロに掲げる農地（同号ロ(1)に掲げる農地を含む。）以外の農地を農地以外のものにするため第三条第一項本文に掲げる権利を取得しようとする場合又は同号イ及びロに掲げる採草放牧地（同号ロ(1)に掲げる採草放牧地を含む。）以外の採草放牧地を採草放牧地以外のものにするためこれらの権利を取得しようとする場合において、申請に係る農地又は採草放牧地に代えて周辺の他の土地を供することにより当該申請に係る事業の目的を達成することができると認められるとき。

三　第三条第一項本文に掲げる権利を取得しようとする者に申請に係る農地を農地以外のものにする行為又は申請に係る採草放牧地を採草放牧地以外のものにする行為を行うために必要な資力及び信用があると認められないこと、申請に係る農地を農地以外のものにする行為又は申請に係る採草放牧地を採草放牧地以外のものにする行為の妨げとなる権利を有する者の同意を得ていないことその他農林水産省令で定める事由により、申請に係る農地又は採草放牧地のすべてを住宅の用、事業の用に供する施設の用その他の当該申請に係る用途に供することが確実と認められない場合

注　平成二七年九月四日法律第六三号により改正され、平成二八年四月一日から施行

（農地又は採草放牧地の転用のための権利移動の制限）

第五条　農地を農地以外のものにするため又は採草放牧地を採草放牧地以外のもの（農地を除く。次項及び第四項において同じ。）にするため、これらの土地について第三条第一項本文に掲げる権利を設定し、又は移転する場合には、政令で定めるところにより、当事者が都道府県知事等の許可を受けなければならない。ただし、次の各号のいずれかに該当する場合は、この限りでない。

一　国又は都道府県等が、前条第一項第二号の農林水産省令で定める施設の用に供するため、これらの権利を取得する場合

二　農地又は採草放牧地を農業経営基盤強化促進法第十九条の規定による公告があつた農用地利用集積計画に定める利用目的に供するため当該農用地利用集積計画の定めるところによつて同法第四条第四項第一号の権利が設定され、又は移転される場合

三　農地又は採草放牧地を特定農山村地域における農林業等の活性化のための基盤整備の促進に関する法律第九条第一項の規定による公告があつた所有権移転等促進計画に定める利用目的に供するため当該所有権移転等促進計画の定めるところによつて同法第二条第三項第三号の権利が設定され、又は移転される場合

四　農地又は採草放牧地を農山漁村の活性化のための定住等及び地域間交流の促進に関する法律第八条第一項の規定による公告があつた所有権移転等促進計画に定める利用目的に供するため当該所有権移転等促進計画の定めるところによつて同法第五条第八項の権利が設定され、又は移転される場合

五　土地収用法その他の法律によつて農地若しくは採草放牧地又はこれらに関する権利が収用され、又は使用される場合

六　前条第一項第七号に規定する市街化区域内にある農地又は採草放牧地につき、政令で定めるところによりあらかじめ農業委員会に届け出て、農地及び採草放牧地以外のものにするためこれらの権利を取得する場合

七　その他農林水産省令で定める場合

2　前項の許可は、次の各号のいずれかに該当する場合には、することができない。ただし、第一号及び第二号に掲げる場合において、土地収用法第二十六条第一項の規定による告示に係る事業の用に供するため第三条第一項

た後にその土地が耕作の目的に供されることが確実と認められないとき、又は採草放牧地につきこれらの権利を取得しようとする場合においてその利用に供された後にその土地が耕作の目的若しくは主として耕作若しくは養畜の事業のための採草若しくは家畜の放牧の目的に供されることが確実と認められないとき。

七　農地を採草放牧地にするため第三条第一項本文に掲げる権利を取得しようとする場合において、同条第二項の規定により同条第一項の許可をすることができない場合に該当すると認められるとき。

3　第三条第五項及び第七項並びに前条第三項の規定は、第一項の場合に準用する。

4　国又は都道府県が、農地を農地以外のものにするため又は採草放牧地を採草放牧地以外のものにするため、これらの土地について第三条第一項本文に掲げる権利を取得しようとする場合（第一項各号のいずれかに該当する場合を除く。）においては、国又は都道府県と都道府県知事との協議（これらの権利を取得する者が同一の事業の目的に供するため四ヘクタールを超える農地又はその農地と併せて採草放牧地について権利を取得する場合には、農林水産大臣との協議）が成立することをもつて第一項の許可があつたものとみなす。

5　前条第三項の規定は、都道府県知事が前項の協議を成立させようとする場合について準用する。

注　平成二七年六月二六日法律第五〇号により改正され、平成二八年四月一日から施行

第五条第一項中「都道府県知事」を「都道府県知事等」に改め、「（これらの権利を取得する者が同一の事業の目的に供するため四ヘクタールを超える農地又はその農地と併せて採草放牧地について権利を取得する場合（地域整備法の定めるところに従つてこれらの権利を取得する場合で政令で定める要件に該当するものを除く。第四項において同じ。）には、農林水産大臣の許可）」を削り、同項第一号中「都道府県」を「都道府県等」に改め、同条第四項中「又は都道府県」を「又は都道府県等」に、「都道府県知事」を「都道府県知事等」に改め、「（これらの権利を取得する者が同一の事業の目的に供するため四ヘクタールを超える農地又はその農地と併せて採草放牧地について権利を取得する場合には、農林水産大臣との協議）」を削り、同条第五項中「都道府県知事」を「都道府県知事等」に改める。

他の良好な営農条件を備えている農地又は採草放牧地として政令で定めるもの（市街化調整区域内にある政令で定める農地又は採草放牧地以外の農地又は採草放牧地にあつては、次に掲げる農地又は採草放牧地を除く。）

(1) 市街地の区域内又は市街地化の傾向が著しい区域内にある農地又は採草放牧地で政令で定めるもの

(2) (1)の区域に近接する区域その他市街地化が見込まれる区域内にある農地又は採草放牧地で政令で定めるもの

二 前号イ及びロに掲げる農地（同号ロ(1)に掲げる農地を含む。）以外の農地を農地以外のものにするため第三条第一項本文に掲げる権利を取得しようとする場合又は同号イ及びロに掲げる採草放牧地（同号ロ(1)に掲げる採草放牧地を含む。）以外の採草放牧地を採草放牧地以外のものにするためこれらの権利を取得しようとする場合において、申請に係る農地又は採草放牧地に代えて周辺の他の土地を供することにより当該申請に係る事業の目的を達成することができると認められるとき。

三 第三条第一項本文に掲げる権利を取得しようとする者に申請に係る農地を農地以外のものにする行為又は申請に係る採草放牧地を採草放牧地以外のものにする行為を行うために必要な資力及び信用があると認められないこと、申請に係る農地を農地以外のものにする行為又は申請に係る採草放牧地を採草放牧地以外のものにする行為の妨げとなる権利を有する者の同意を得ていないことその他農林水産省令で定める事由により、申請に係る農地又は採草放牧地のすべてを住宅の用、事業の用に供する施設の用その他の当該申請に係る用途に供することが確実と認められない場合

四 申請に係る農地を農地以外のものにすること又は申請に係る採草放牧地を採草放牧地以外のものにすることにより、土砂の流出又は崩壊その他の災害を発生させるおそれがあると認められる場合、農業用用排水施設の有する機能に支障を及ぼすおそれがあると認められる場合その他の周辺の農地又は採草放牧地に係る営農条件に支障を生ずるおそれがあると認められる場合

五 仮設工作物の設置その他の一時的な利用に供するため所有権を取得しようとする場合

六 仮設工作物の設置その他の一時的な利用に供するため、農地につき所有権以外の第三条第一項本文に掲げる権利を取得しようとする場合においてその利用に供され

一　国又は都道府県が、前条第一項第二号の農林水産省令で定める施設の用に供するため、これらの権利を取得する場合
二　農地又は採草放牧地を農業経営基盤強化促進法第十九条の規定による公告があつた農用地利用集積計画に定める利用目的に供するため当該農用地利用集積計画の定めるところによつて同法第四条第四項第一号の権利が設定され、又は移転される場合
三　農地又は採草放牧地を特定農山村地域における農林業等の活性化のための基盤整備の促進に関する法律第九条第一項の規定による公告があつた所有権移転等促進計画に定める利用目的に供するため当該所有権移転等促進計画の定めるところによつて同法第二条第三項第三号の権利が設定され、又は移転される場合
四　農地又は採草放牧地を農山漁村の活性化のための定住等及び地域間交流の促進に関する法律第八条第一項の規定による公告があつた所有権移転等促進計画に定める利用目的に供するため当該所有権移転等促進計画の定めるところによつて同法第五条第八項の権利が設定され、又は移転される場合
五　土地収用法その他の法律によつて農地若しくは採草放牧地又はこれらに関する権利が収用され、又は使用される場合
六　前条第一項第七号に規定する市街化区域内にある農地又は採草放牧地につき、政令で定めるところによりあらかじめ農業委員会に届け出て、農地及び採草放牧地以外のものにするためこれらの権利を取得する場合
七　その他農林水産省令で定める場合

2　前項の許可は、次の各号のいずれかに該当する場合には、することができない。ただし、第一号及び第二号に掲げる場合において、土地収用法第二十六条第一項の規定による告示に係る事業の用に供するため第三条第一項本文に掲げる権利を取得しようとするとき、第一号イに掲げる農地又は採草放牧地につき農用地利用計画において指定された用途に供するためこれらの権利を取得しようとするときその他政令で定める相当の事由があるときは、この限りでない。
一　次に掲げる農地又は採草放牧地につき第三条第一項本文に掲げる権利を取得しようとする場合
イ　農用地区域内にある農地又は採草放牧地
ロ　イに掲げる農地又は採草放牧地以外の農地又は採草放牧地で、集団的に存在する農地又は採草放牧地その

とその他農林水産省令で定める事由により、申請に係る農地の全てを住宅の用、事業の用に供する施設の用その他の当該申請に係る用途に供することが確実と認められない場合

四　申請に係る農地を農地以外のものにすることにより、土砂の流出又は崩壊その他の災害を発生させるおそれがあると認められる場合、農業用用排水施設の有する機能に支障を及ぼすおそれがあると認められる場合その他の周辺の農地に係る営農条件に支障を生ずるおそれがあると認められる場合

五　仮設工作物の設置その他の一時的な利用に供するため農地を農地以外のものにしようとする場合において、その利用に供された後にその土地が耕作の目的に供されることが確実と認められないとき。

7　第一項の許可は、条件を付けてすることができる。

8　国又は都道府県等が農地を農地以外のものにしようとする場合（第一項各号のいずれかに該当する場合を除く。）においては、国又は都道府県等と都道府県知事等との協議が成立することをもつて同項の許可があつたものとみなす。

9　都道府県知事等は、前項の協議を成立させようとするときは、あらかじめ、農業委員会の意見を聴かなければならない。

10　第四項及び第五項の規定は、農業委員会が前項の規定により意見を述べようとする場合について準用する。

11　第一項に規定するもののほか、指定市町村の指定及びその取消しに関し必要な事項は、政令で定める。

（農地又は採草放牧地の転用のための権利移動の制限）

第五条　農地を農地以外のものにするため又は採草放牧地を採草放牧地以外のもの（農地を除く。次項及び第四項において同じ。）にするため、これらの土地について第三条第一項本文に掲げる権利を設定し、又は移転する場合には、政令で定めるところにより、当事者が都道府県知事の許可（これらの権利を取得する者が同一の事業の目的に供するため四ヘクタールを超える農地又はその農地と併せて採草放牧地について権利を取得する場合（地域整備法の定めるところに従つてこれらの権利を取得する場合で政令で定める要件に該当するものを除く。第四項において同じ。）には、農林水産大臣の許可）を受けなければならない。ただし、次の各号のいずれかに該当する場合は、この限りでない。

県機構」という。）の意見を聴かなければならない。ただし、同法第四十二条第一項の規定による都道府県知事の指定がされていない場合は、この限りでない。
5　前項に規定するもののほか、農業委員会は、第三項の規定により意見を述べるため必要があると認めるときは、都道府県機構の意見を聴くことができる。
6　第一項の許可は、次の各号のいずれかに該当する場合には、することができない。ただし、第一号及び第二号に掲げる場合において、土地収用法第二十六条第一項の規定による告示（他の法律の規定による告示又は公告で同項の規定による告示とみなされるものを含む。次条第二項において同じ。）に係る事業の用に供するため農地を農地以外のものにしようとするとき、第一号イに掲げる農地を農業振興地域の整備に関する法律第八条第四項に規定する農用地利用計画（以下単に「農用地利用計画」という。）において指定された用途に供するため農地以外のものにしようとするときその他政令で定める相当の事由があるときは、この限りでない。
一　次に掲げる農地を農地以外のものにしようとする場合
イ　農用地区域（農業振興地域の整備に関する法律第八条第二項第一号に規定する農用地区域をいう。以下同じ。）内にある農地
ロ　イに掲げる農地以外の農地で、集団的に存在する農地その他の良好な営農条件を備えている農地として政令で定めるもの（市街化調整区域（都市計画法第七条第一項の市街化調整区域をいう。以下同じ。）内にある政令で定める農地以外の農地にあつては、次に掲げる農地を除く。）
(1)　市街地の区域内又は市街地化の傾向が著しい区域内にある農地で政令で定めるもの
(2)　(1)の区域に近接する区域その他市街地化が見込まれる区域内にある農地で政令で定めるもの
二　前号イ及びロに掲げる農地（同号ロ(1)に掲げる農地を含む。）以外の農地を農地以外のものにしようとする場合において、申請に係る農地に代えて周辺の他の土地を供することにより当該申請に係る事業の目的を達成することができると認められるとき。
三　申請者に申請に係る農地を農地以外のものにする行為を行うために必要な資力及び信用があると認められないこと、申請に係る農地を農地以外のものにする行為の妨げとなる権利を有する者の同意を得ていないこ

れる施設であつて農林水産省令で定めるものの用に供するため、農地を農地以外のものにする場合

三　農業経営基盤強化促進法第十九条の規定による公告があつた農用地利用集積計画の定めるところによつて設定され、又は移転された同法第四条第四項第一号の権利に係る農地を当該農用地利用集積計画に定める利用目的に供する場合

四　特定農山村地域における農林業等の活性化のための基盤整備の促進に関する法律第九条第一項の規定による公告があつた所有権移転等促進計画の定めるところによつて設定され、又は移転された同法第二条第三項第三号の権利に係る農地を当該所有権移転等促進計画に定める利用目的に供する場合

五　農山漁村の活性化のための定住等及び地域間交流の促進に関する法律第八条第一項の規定による公告があつた所有権移転等促進計画の定めるところによつて設定され、又は移転された同法第五条第八項の権利に係る農地を当該所有権移転等促進計画に定める利用目的に供する場合

六　土地収用法その他の法律によつて収用し、又は使用した農地をその収用又は使用に係る目的に供する場合

七　市街化区域（都市計画法（昭和四十三年法律第百号）第七条第一項の市街化区域と定められた区域（同法第二十三条第一項の規定による協議を要する場合にあつては、当該協議が調つたものに限る。）をいう。）内にある農地を、政令で定めるところによりあらかじめ農業委員会に届け出て、農地以外のものにする場合

八　その他農林水産省令で定める場合

2　前項の許可を受けようとする者は、農林水産省令で定めるところにより、農林水産省令で定める事項を記載した申請書を、農業委員会を経由して、都道府県知事等に提出しなければならない。

3　農業委員会は、前項の規定により申請書の提出があつたときは、農林水産省令で定める期間内に、当該申請書に意見を付して、都道府県知事等に送付しなければならない。

4　農業委員会は、前項の規定により意見を述べようとするとき（同項の申請書が同一の事業の目的に供するため三十アールを超える農地を農地以外のものにする行為に係るものであるときに限る。）は、あらかじめ、農業委員会等に関する法律（昭和二十六年法律第八十八号）第四十三条第一項に規定する都道府県機構（以下「都道府

注　平成二七年六月二六日法律第五〇号により改正され、平成二八年四月一日から施行

第四条第一項本文を次のように改める。

農地を農地以外のものにする者は、政令で定めるところにより、都道府県知事（農地又は採草放牧地の農業上の効率的かつ総合的な利用の確保に関する施策の実施状況を考慮して農林水産大臣が指定する市町村（以下「指定市町村」という。）の区域内にあつては、指定市町村の長。以下「都道府県知事等」という。）の許可を受けなければならない。

第四条第一項第二号中「都道府県」を「都道府県等（都道府県又は指定市町村をいう。以下同じ。）」に改め、同項第七号中「で、同法第二十三条第一項の規定による協議が調つたもの」を「（同法第二十三条第一項の規定による協議を要する場合にあつては、当該協議が調つたものに限る。）」に改め、同条第三項中「都道府県知事」を「都道府県知事等」に改め、同条第五項中「又は都道府県」を「又は都道府県等」に、「都道府県知事」を「都道府県知事等」に改め、「（その者が同一の事業の目的に供するため四ヘクタールを超える農地を農地以外のものにする場合には、農林水産大臣との協議）」を削り、同条第六項中「都道府県知事」を「都道府県知事等」に改め、同条に次の一項を加える。

7　第一項に規定するもののほか、指定市町村の指定及びその取消しに関し必要な事項は、政令で定める。

注　平成二七年九月四日法律第六三号により改正され、平成二八年四月一日から施行

（農地の転用の制限）

第四条　農地を農地以外のものにする者は、都道府県知事（農地又は採草放牧地の農業上の効率的かつ総合的な利用の確保に関する施策の実施状況を考慮して農林水産大臣が指定する市町村（以下「指定市町村」という。）の区域内にあつては、指定市町村の長。以下「都道府県知事等」という。）の許可を受けなければならない。ただし、次の各号のいずれかに該当する場合は、この限りでない。

一　次条第一項の許可に係る農地をその許可に係る目的に供する場合

二　国又は都道府県等（都道府県又は指定市町村をいう。以下同じ。）が、道路、農業用用排水施設その他の地域振興上又は農業振興上の必要性が高いと認めら

る農地を除く。）
(1) 市街地の区域内又は市街地化の傾向が著しい区域内にある農地で政令で定めるもの
(2) (1)の区域に近接する区域その他市街地化が見込まれる区域内にある農地で政令で定めるもの
二 前号イ及びロに掲げる農地（同号ロ(1)に掲げる農地を含む。）以外の農地を農地以外のものにしようとする場合において、申請に係る農地に代えて周辺の他の土地を供することにより当該申請に係る事業の目的を達成することができると認められるとき。
三 申請者に申請に係る農地を農地以外のものにする行為を行うために必要な資力及び信用があると認められないこと、申請に係る農地を農地以外のものにする行為の妨げとなる権利を有する者の同意を得ていないことその他農林水産省令で定める事由により、申請に係る農地のすべてを住宅の用、事業の用に供する施設の用その他の当該申請に係る用途に供することが確実と認められない場合
四 申請に係る農地を農地以外のものにすることにより、土砂の流出又は崩壊その他の災害を発生させるおそれがあると認められる場合、農業用用排水施設の有する機能に支障を及ぼすおそれがあると認められる場合その他の周辺の農地に係る営農条件に支障を生ずるおそれがあると認められる場合
五 仮設工作物の設置その他の一時的な利用に供するため農地を農地以外のものにしようとする場合において、その利用に供された後にその土地が耕作の目的に供されることが確実と認められないとき。
3 都道府県知事が、第一項の規定により許可をしようとするときは、あらかじめ、都道府県農業会議の意見を聴かなければならない。
4 第一項の許可は、条件を付けてすることができる。
5 国又は都道府県が農地を農地以外のものにしようとする場合（第一項各号のいずれかに該当する場合を除く。）においては、国又は都道府県と都道府県知事との協議（その者が同一の事業の目的に供するため四ヘクタールを超える農地を農地以外のものにする場合には、農林水産大臣との協議）が成立することをもつて同項の許可があつたものとみなす。
6 第三項の規定は、都道府県知事が前項の協議を成立させようとする場合について準用する。

供する場合

四　特定農山村地域における農林業等の活性化のための基盤整備の促進に関する法律第九条第一項の規定による公告があつた所有権移転等促進計画の定めるところによつて設定され、又は移転された同法第二条第三項第三号の権利に係る農地を当該所有権移転等促進計画に定める利用目的に供する場合

五　農山漁村の活性化のための定住等及び地域間交流の促進に関する法律第八条第一項の規定による公告があつた所有権移転等促進計画の定めるところによつて設定され、又は移転された同法第五条第八項の権利に係る農地を当該所有権移転等促進計画に定める利用目的に供する場合

六　土地収用法その他の法律によつて収用し、又は使用した農地をその収用又は使用に係る目的に供する場合

七　市街化区域（都市計画法（昭和四十三年法律第百号）第七条第一項の市街化区域と定められた区域で、同法第二十三条第一項の規定による協議が調つたものをいう。）内にある農地を、政令で定めるところによりあらかじめ農業委員会に届け出て、農地以外のものにする場合

八　その他農林水産省令で定める場合

2　前項の許可は、次の各号のいずれかに該当する場合には、することができない。ただし、第一号及び第二号に掲げる場合において、土地収用法第二十六条第一項の規定による告示（他の法律の規定による告示又は公告で同項の規定による告示とみなされるものを含む。次条第二項において同じ。）に係る事業の用に供するため農地を農地以外のものにしようとするとき、第一号イに掲げる農地を農業振興地域の整備に関する法律第八条第四項に規定する農用地利用計画（以下単に「農用地利用計画」という。）において指定された用途に供するため農地以外のものにしようとするときその他政令で定める相当の事由があるときは、この限りでない。

一　次に掲げる農地を農地以外のものにしようとする場合

イ　農用地区域（農業振興地域の整備に関する法律第八条第二項第一号に規定する農用地区域をいう。以下同じ。）内にある農地

ロ　イに掲げる農地以外の農地で、集団的に存在する農地その他の良好な営農条件を備えている農地として政令で定めるもの（市街化調整区域（都市計画法第七条第一項の市街化調整区域をいう。以下同じ。）内にある政令で定める農地以外の農地にあつては、次に掲げ

使用貸借による権利又は賃借権を設定した者が使用貸借又は賃貸借の解除をしないとき。

二　前項の規定による勧告を受けた者がその勧告に従わなかつたとき。

3　農業委員会は、前条第三項第一号に規定する条件に基づき使用貸借若しくは賃貸借が解除された場合又は前項の規定による許可の取消しがあつた場合において、その農地又は採草放牧地の適正かつ効率的な利用が図られないおそれがあると認めるときは、当該農地又は採草放牧地の所有者に対し、当該農地又は採草放牧地についての所有権の移転又は使用及び収益を目的とする権利の設定のあつせんその他の必要な措置を講ずるものとする。

（農地又は採草放牧地についての権利取得の届出）

第三条の三　農地又は採草放牧地について第三条第一項本文に掲げる権利を取得した者は、同項の許可を受けてこれらの権利を取得した場合、同項各号（第十二号及び第十六号を除く。）のいずれかに該当する場合その他農林水産省令で定める場合を除き、遅滞なく、農林水産省令で定めるところにより、その農地又は採草放牧地の存する市町村の農業委員会にその旨を届け出なければならない。

（農地の転用の制限）

第四条　農地を農地以外のものにする者は、政令で定めるところにより、都道府県知事の許可（その者が同一の事業の目的に供するため四ヘクタールを超える農地を農地以外のものにする場合（農村地域工業等導入促進法（昭和四十六年法律第百十二号）その他の地域の開発又は整備に関する法律で政令で定めるもの（以下「地域整備法」という。）の定めるところに従つて農地を農地以外のものにする場合で政令で定める要件に該当するものを除く。第五項において同じ。）には、農林水産大臣の許可）を受けなければならない。ただし、次の各号のいずれかに該当する場合は、この限りでない。

一　次条第一項の許可に係る農地をその許可に係る目的に供する場合

二　国又は都道府県が、道路、農業用用排水施設その他の地域振興上又は農業振興上の必要性が高いと認められる施設であつて農林水産省令で定めるものの用に供するため、農地を農地以外のものにする場合

三　農業経営基盤強化促進法第十九条の規定による公告があつた農用地利用集積計画の定めるところによつて設定され、又は移転された同法第四条第四項第一号の権利に係る農地を当該農用地利用集積計画に定める利用目的に

とするときは、あらかじめ、その旨を市町村長に通知するものとする。この場合において、当該通知を受けた市町村長は、市町村の区域における農地又は採草放牧地の農業上の適正かつ総合的な利用を確保する見地から必要があると認めるときは、意見を述べることができる。

5　第一項の許可は、条件をつけてすることができる。

6　農業委員会は、第三項の規定により第一項の許可をする場合には、当該許可を受けて農地又は採草放牧地について使用貸借による権利又は賃借権の設定を受けた者が、農林水産省令で定めるところにより、毎年、その農地又は採草放牧地の利用の状況について、農業委員会に報告しなければならない旨の条件を付けるものとする。

7　第一項の許可を受けないでした行為は、その効力を生じない。

（農地又は採草放牧地の権利移動の許可の取消し等）

第三条の二　農業委員会は、次の各号のいずれかに該当する場合には、農地又は採草放牧地について使用貸借による権利又は賃借権の設定を受けた者（前条第三項の規定の適用を受けて同条第一項の許可を受けた者に限る。次項第一号において同じ。）に対し、相当の期限を定めて、必要な措置を講ずべきことを勧告することができる。

一　その者がその農地又は採草放牧地において行う耕作又は養畜の事業により、周辺の地域における農地又は採草放牧地の農業上の効率的かつ総合的な利用の確保に支障が生じている場合

二　その者が地域の農業における他の農業者との適切な役割分担の下に継続的かつ安定的に農業経営を行つていないと認める場合

三　その者が法人である場合にあつては、その法人の業務を執行する役員のいずれもがその法人の行う耕作又は養畜の事業に常時従事していないと認める場合

> **注**　平成二七年九月四日法律第六三号により改正され、平成二八年四月一日から施行
>
> 第三条の二第一項第三号中「業務を執行する役員」を「業務執行役員等」に改める。

2　農業委員会は、次の各号のいずれかに該当する場合には、前条第三項の規定によりした同条第一項の許可を取り消さなければならない。

一　農地又は採草放牧地について使用貸借による権利又は賃借権の設定を受けた者がその農地又は採草放牧地を適正に利用していないと認められるにもかかわらず、当該

間稲以外の作物を栽培することをいう。以下同じ。）の目的に供するため貸し付けようとする場合及び農業生産法人の常時従事者たる構成員がその土地をその法人に貸し付けようとする場合を除く。）

七　第一号に掲げる権利を取得しようとする者又はその世帯員等がその取得後において行う耕作又は養畜の事業の内容並びにその農地又は採草放牧地の位置及び規模からみて、農地の集団化、農作業の効率化その他周辺の地域における農地又は採草放牧地の農業上の効率的かつ総合的な利用の確保に支障を生ずるおそれがあると認められる場合

3　農業委員会は、農地又は採草放牧地について使用貸借による権利又は賃借権が設定される場合において、次に掲げる要件の全てを満たすときは、前項（第二号及び第四号に係る部分に限る。）の規定にかかわらず、第一項の許可をすることができる。

一　これらの権利を取得しようとする者がその取得後においてその農地又は採草放牧地を適正に利用していないと認められる場合に使用貸借又は賃貸借の解除をする旨の条件が書面による契約において付されていること。

二　これらの権利を取得しようとする者が地域の農業における他の農業者との適切な役割分担の下に継続的かつ安定的に農業経営を行うと見込まれること。

三　これらの権利を取得しようとする者が法人である場合にあつては、その法人の業務を執行する役員のうち一人以上の者がその法人の行う耕作又は養畜の事業に常時従事すると認められること。

注　平成二七年九月四日法律第六三号により改正され、平成二八年四月一日から施行

第三条第一項第十三号中「（農業経営基盤強化促進法第十一条の十四に規定する農地利用集積円滑化団体をいう。以下同じ。）」を削り、「（同法」を「（農業経営基盤強化促進法」に改め、同条第二項ただし書中「第十一条の三十一第一項第一号」を「第十一条の五十第一項第一号」に改め、同項第二号及び第四号中「農業生産法人」を「農地所有適格法人」に改め、同項第六号中「第二条第三項」を「第二条第三項各号」に、「農業生産法人」を「農地所有適格法人」に改め、同条第三項第三号中「のうち」を「又は農林水産省令で定める使用人（次条第一項第三号において「業務執行役員等」という。）のうち、」に改める。

4　農業委員会は、前項の規定により第一項の許可をしよう

組合連合会が農地又は採草放牧地の所有者から同項の委託を受けることにより第一号に掲げる権利が取得されることとなるとき、同法第十一条の三十一第一項第一号に掲げる場合において農業協同組合又は農業協同組合連合会が使用貸借による権利又は賃借権を取得するとき、並びに第一号、第二号、第四号及び第五号に掲げる場合において政令で定める相当の事由があるときは、この限りでない。

一　所有権、地上権、永小作権、質権、使用貸借による権利、賃借権若しくはその他の使用及び収益を目的とする権利を取得しようとする者又はその世帯員等の耕作又は養畜の事業に必要な機械の所有の状況、農作業に従事する者の数等からみて、これらの者がその取得後において耕作又は養畜の事業に供すべき農地及び採草放牧地の全てを効率的に利用して耕作又は養畜の事業を行うと認められない場合

二　農業生産法人以外の法人が前号に掲げる権利を取得しようとする場合

三　信託の引受けにより第一号に掲げる権利が取得される場合

四　第一号に掲げる権利を取得しようとする者（農業生産法人を除く。）又はその世帯員等がその取得後において行う耕作又は養畜の事業に必要な農作業に常時従事すると認められない場合

五　第一号に掲げる権利を取得しようとする者又はその世帯員等がその取得後において耕作の事業に供すべき農地の面積の合計及びその取得後において耕作又は養畜の事業に供すべき採草放牧地の面積の合計が、いずれも、北海道では二ヘクタール、都府県では五十アール（農業委員会が、農林水産省令で定める基準に従い、市町村の区域の全部又は一部についてこれらの面積の範囲内で別段の面積を定め、農林水産省令で定めるところにより、これを公示したときは、その面積）に達しない場合

六　農地又は採草放牧地につき所有権以外の権原に基づいて耕作又は養畜の事業を行う者がその土地を貸し付け、又は質入れしようとする場合（当該事業を行う者又はその世帯員等の死亡又は第二条第二項に掲げる事由によりその土地について耕作、採草又は家畜の放牧をすることができないため一時貸し付けようとする場合、当該事業を行う者がその土地をその世帯員等に貸し付けようとする場合、農地利用集積円滑化団体がその土地を農地売買等事業の実施により貸し付けようとする場合、その土地を水田裏作（田において稲を通常栽培する期間以外の期

他の法律によつて農地若しくは採草放牧地又はこれらに関する権利が収用され、又は使用される場合

十二　遺産の分割、民法（明治二十九年法律第八十九号）第七百六十八条第二項（同法第七百四十九条及び第七百七十一条において準用する場合を含む。）の規定による財産の分与に関する裁判若しくは調停又は同法第九百五十八条の三の規定による相続財産の分与に関する裁判によつてこれらの権利が設定され、又は移転される場合

十三　農地利用集積円滑化団体（農業経営基盤強化促進法第十一条の十四に規定する農地利用集積円滑化団体をいう。以下同じ。）又は農地中間管理機構が、農林水産省令で定めるところによりあらかじめ農業委員会に届け出て、農地売買等事業（同法第四条第三項第一号ロに掲げる事業をいう。以下同じ。）又は同法第七条第一号に掲げる事業の実施によりこれらの権利を取得する場合

十四　農業協同組合法第十条第三項の信託の引受けの事業又は農業経営基盤強化促進法第七条第二号に掲げる事業（以下これらを「信託事業」という。）を行う農業協同組合又は農地中間管理機構が信託事業による信託の引受けにより所有権を取得する場合及び当該信託の終了によりその委託者又はその一般承継人が所有権を取得する場合

十四の二　農地中間管理機構が、農林水産省令で定めるところによりあらかじめ農業委員会に届け出て、農地中間管理事業（農地中間管理事業の推進に関する法律第二条第三項に規定する農地中間管理事業をいう。以下同じ。）の実施により農地中間管理権を取得する場合

十四の三　農地中間管理機構が引き受けた農地貸付信託（農地中間管理事業の推進に関する法律第二条第五項第二号に規定する農地貸付信託をいう。）の終了によりその委託者又はその一般承継人が所有権を取得する場合

十五　地方自治法（昭和二十二年法律第六十七号）第二百五十二条の十九第一項の指定都市（以下単に「指定都市」という。）が古都における歴史的風土の保存に関する特別措置法（昭和四十一年法律第一号）第十九条の規定に基づいてする同法第十一条第一項の規定による買入れによつて所有権を取得する場合

十六　その他農林水産省令で定める場合

2　前項の許可は、次の各号のいずれかに該当する場合には、することができない。ただし、民法第二百六十九条の二第一項の地上権又はこれと内容を同じくするその他の権利が設定され、又は移転されるとき、農業協同組合法第十条第二項に規定する事業を行う農業協同組合又は農業協同

二　削除
三　第三十七条から第四十条までの規定によつて農地中間管理権（農地中間管理事業の推進に関する法律第二条第五項に規定する農地中間管理権をいう。以下同じ。）が設定される場合
四　第四十三条の規定によつて同条第一項に規定する利用権が設定される場合
五　これらの権利を取得する者が国又は都道府県である場合
六　土地改良法（昭和二十四年法律第百九十五号）、農業振興地域の整備に関する法律（昭和四十四年法律第五十八号）、集落地域整備法（昭和六十二年法律第六十三号）又は市民農園整備促進法（平成二年法律第四十四号）による交換分合によつてこれらの権利が設定され、又は移転される場合
七　農業経営基盤強化促進法第十九条の規定による公告があつた農用地利用集積計画の定めるところによつて同法第四条第四項第一号の権利が設定され、又は移転される場合
七の二　農地中間管理事業の推進に関する法律第十八条第五項の規定による公告があつた農用地利用配分計画の定めるところによつて賃借権又は使用貸借による権利が設定され、又は移転される場合
八　特定農山村地域における農林業等の活性化のための基盤整備の促進に関する法律（平成五年法律第七十二号）第九条第一項の規定による公告があつた所有権移転等促進計画の定めるところによつて同法第二条第三項第三号の権利が設定され、又は移転される場合
九　農山漁村の活性化のための定住等及び地域間交流の促進に関する法律（平成十九年法律第四十八号）第八条第一項の規定による公告があつた所有権移転等促進計画の定めるところによつて同法第五条第八項の権利が設定され、又は移転される場合
九の二　農林漁業の健全な発展と調和のとれた再生可能エネルギー電気の発電の促進に関する法律（平成二十五年法律第八十一号）第十七条の規定による公告があつた所有権移転等促進計画の定めるところによつて同法第五条第四項の権利が設定され、又は移転される場合
十　民事調停法（昭和二十六年法律第二百二十二号）による農事調停によつてこれらの権利が設定され、又は移転される場合
十一　土地収用法（昭和二十六年法律第二百十九号）その

業の推進に関する法律（平成二十五年法律第百一号）第二条第四項に規定する農地中間管理機構をいう。以下同じ。）に当該農地又は採草放牧地について使用貸借による権利又は賃借権を設定している個人

第二条第三項第三号中「構成員」の下に「（農事組合法人にあつては組合員、株式会社にあつては株主、持分会社にあつては社員をいう。以下同じ。）」を加え、「以下この号」を「次号」に、「占め、かつ、その過半を占める理事等の過半数の者が、その法人の行う農業に必要な農作業に農林水産省令で定める日数以上従事すると認められるものである」を「占めている」に改め、同項に次の一号を加える。

四　その法人の理事等又は農林水産省令で定める使用人（いずれも常時従事者に限る。）のうち、一人以上の者がその法人の行う農業に必要な農作業に一年間に農林水産省令で定める日数以上従事すると認められるものであること。

4　法人の構成員につき常時従事者であるかどうかを判定すべき基準は、農林水産省令で定める。

注　平成二七年九月四日法律第六三号により改正され、平成二八年四月一日から施行

第二条第四項中「法人の構成員につき」を「前項第二号ホに規定する」に改める。

（農地について権利を有する者の責務）

第二条の二　農地について所有権又は賃借権その他の使用及び収益を目的とする権利を有する者は、当該農地の農業上の適正かつ効率的な利用を確保するようにしなければならない。

第二章　権利移動及び転用の制限等

（農地又は採草放牧地の権利移動の制限）

第三条　農地又は採草放牧地について所有権を移転し、又は地上権、永小作権、質権、使用貸借による権利、賃借権若しくはその他の使用及び収益を目的とする権利を設定し、若しくは移転する場合には、政令で定めるところにより、当事者が農業委員会の許可を受けなければならない。ただし、次の各号のいずれかに該当する場合及び第五条第一項本文に規定する場合は、この限りでない。

一　第四十六条第一項又は第四十七条の規定によつて所有権が移転される場合

る。）の委託を行つている個人

へ　その法人に農業経営基盤強化促進法（昭和五十五年法律第六十五号）第七条第三号に掲げる事業に係る現物出資を行つた農地中間管理機構（農地中間管理事業の推進に関する法律（平成二十五年法律第百一号）第二条第四項に規定する農地中間管理機構をいう。以下同じ。）

ト　地方公共団体、農業協同組合又は農業協同組合連合会

チ　その法人からその法人の事業に係る物資の供給若しくは役務の提供を受ける者又はその法人の事業の円滑化に寄与する者であつて、政令で定めるもの

三　その法人の常時従事者たる構成員が理事等（農事組合法人にあつては理事、株式会社にあつては取締役、持分会社にあつては業務を執行する社員をいう。以下この号において同じ。）の数の過半を占め、かつ、その過半を占める理事等の過半数の者が、その法人の行う農業に必要な農作業に農林水産省令で定める日数以上従事すると認められるものであること。

注　平成二七年九月四日法律第六三号により改正され、平成二八年四月一日から施行

第二条第三項中「農業生産法人」を「農地所有適格法人」に改め、同項第一号中「第七十二条の八第一項第一号」を「第七十二条の十第一項第一号」に改め、同項第二号イからチまで以外の部分を次のように改める。

その法人が、株式会社にあつては次に掲げる者に該当する株主の有する議決権の合計が総株主の議決権の過半を、持分会社にあつては次に掲げる者に該当する社員の数が社員の総数の過半を占めているものであること。

第二条第三項第二号イ中「構成員」を「株主又は社員」に改め、同号中チを削り、トをチとし、同号へ中「（昭和五十五年法律第六十五号）」及び「（農地中間管理事業の推進に関する法律（平成二十五年法律第百一号）第二条第四項に規定する農地中間管理機構をいう。以下同じ。）」を削り、同号へを同号トとし、同号中ホをへとし、ニをホとし、ハの次に次のように加える。

ニ　その法人に農地又は採草放牧地について使用貸借による権利又は賃借権に基づく使用及び収益をさせている農地利用集積円滑化団体（農業経営基盤強化促進法（昭和五十五年法律第六十五号）第十一条の十四に規定する農地利用集積円滑化団体をいう。以下同じ。）又は農地中間管理機構（農地中間管理事

二　その法人の組合員、株主（自己の株式を保有している当該法人を除く。）又は社員（以下「構成員」という。）は、全て、次に掲げる者のいずれかであること（株式会社にあつては、チに掲げる者の有する議決権の合計が総株主の議決権の四分の一以下であるもの（チに掲げる者の中に、その法人と連携して事業を実施することによりその法人の農業経営の改善に特に寄与する者として政令で定める者があるときは、チに掲げる者の有する議決権の合計が総株主の議決権の二分の一未満であり、かつ、チに掲げる者のうち当該政令で定める者以外の者の有する議決権の合計が総株主の議決権の四分の一以下であるもの）、持分会社にあつては、チに掲げる者の数が社員の総数の四分の一以下であるもの（チに掲げる者の中に、当該政令で定める者があるときは、チに掲げる者の数が社員の総数の二分の一未満であり、かつ、チに掲げる者のうち当該政令で定める者以外の者の数が社員の総数の四分の一以下であるもの）に限る。）。

イ　その法人に農地若しくは採草放牧地について所有権若しくは使用収益権（地上権、永小作権、使用貸借による権利又は賃借権をいう。以下同じ。）を移転した個人（その法人の構成員となる前にこれらの権利をその法人に移転した者のうち、その移転後農林水産省令で定める一定期間内に構成員となり、引き続き構成員となつている個人以外のものを除く。）又はその一般承継人（農林水産省令で定めるものに限る。）

ロ　その法人に農地又は採草放牧地について使用収益権に基づく使用及び収益をさせている個人

ハ　その法人に使用及び収益をさせるため農地又は採草放牧地について所有権の移転又は使用収益権の設定若しくは移転に関し第三条第一項の許可を申請している個人（当該申請に対する許可があり、近くその許可に係る農地又は採草放牧地についてその法人に所有権を移転し、又は使用収益権を設定し、若しくは移転することが確実と認められる個人を含む。）

ニ　その法人の行う農業に常時従事する者（前項各号に掲げる事由により一時的にその法人の行う農業に常時従事することができない者で当該事由がなくなれば常時従事することとなると農業委員会が認めたもの及び農林水産省令で定める一定期間内にその法人の行う農業に常時従事することとなることが確実と認められる者を含む。以下「常時従事者」という。）

ホ　その法人に農作業（農林水産省令で定めるものに限

○農地法

〔昭和二七年七月一五日法律第二二九号〕
最終改正　平成二七年九月四日法律第六三号

第一章　総則

（目的）

第一条　この法律は、国内の農業生産の基盤である農地が現在及び将来における国民のための限られた資源であり、かつ、地域における貴重な資源であることにかんがみ、耕作者自らによる農地の所有が果たしてきている重要な役割も踏まえつつ、農地を農地以外のものにすることを規制するとともに、農地を効率的に利用する耕作者による地域との調和に配慮した農地についての権利の取得を促進し、及び農地の利用関係を調整し、並びに農地の農業上の利用を確保するための措置を講ずることにより、耕作者の地位の安定と国内の農業生産の増大を図り、もつて国民に対する食料の安定供給の確保に資することを目的とする。

（定義）

第二条　この法律で「農地」とは、耕作の目的に供される土地をいい、「採草放牧地」とは、農地以外の土地で、主として耕作又は養畜の事業のための採草又は家畜の放牧の目的に供されるものをいう。

2　この法律で「世帯員等」とは、住居及び生計を一にする親族（次に掲げる事由により一時的に住居又は生計を異にしている親族を含む。）並びに当該親族の行う耕作又は養畜の事業に従事するその他の二親等内の親族をいう。

一　疾病又は負傷による療養

二　就学

三　公選による公職への就任

四　その他農林水産省令で定める事由

3　この法律で「農業生産法人」とは、農事組合法人、株式会社（公開会社（会社法（平成十七年法律第八十六号）第二条第五号に規定する公開会社をいう。）でないものに限る。以下同じ。）又は持分会社（同法第五百七十五条第一項に規定する持分会社をいう。以下同じ。）で、次に掲げる要件の全てを満たしているものをいう。

一　その法人の主たる事業が農業（その行う農業に関連する事業であつて農畜産物を原料又は材料として使用する製造又は加工その他農林水産省令で定めるもの、農業と併せ行う林業及び農事組合法人にあつては農業と併せ行う農業協同組合法（昭和二十二年法律第百三十二号）第七十二条の八第一項第一号の事業を含む。以下この項において同じ。）であること。

巻末より始まります。

●農地法……………………………………233

[著者略歴]

宮﨑直己（みやざきなおき）

1951年　岐阜県生まれ
1975年　名古屋大学法学部卒業
1990年　愛知県弁護士会において弁護士登録
現在　弁護士

［主著］

農業委員の法律知識（新日本法規出版、1999年）
基本行政法テキスト（中央経済社、2001年）
農地法の実務解説［改訂補正二版］（新日本法規出版、2001年）
判例からみた農地法の解説（新日本法規出版、2002年）
交通事故賠償問題の知識と判例（技術書院、2004年）
農地法概説（信山社、2009年）
設例農地法入門［改訂版］（新日本法規出版、2010年）
交通事故損害賠償の実務と判例（大成出版社、2011年）
Q＆A　交通事故損害賠償法入門（大成出版社、2013年）
農地法読本［改訂版］（大成出版社、2014年）
農地法講義［補訂版］（大成出版社、2014年）

農地法の設例解説

2016年1月12日　第1版第1刷発行

著者　宮　﨑　直　己

発行者　松　林　久　行
発行所　株式会社大成出版社

〒156―0042
東京都世田谷区羽根木1―7―11　TEL 03（3321）4131㈹
http://www.taisei-shuppan.co.jp/

印刷　信教印刷

落丁・乱丁はおとりかえいたします。
ISBN978―4―8028―3227―4